51个行业领域
重大事故隐患判定标准
和重点检查事项

本书编写组 编

应急管理出版社

·北 京·

图书在版编目（CIP）数据

51 个行业领域重大事故隐患判定标准和重点检查事项/
本书编写组编 . – – 北京：应急管理出版社，2024
ISBN 978 – 7 – 5237 – 0553 – 7

Ⅰ . ①5…　Ⅱ . ①本…　Ⅲ . ①生产事故—判定—标准—
中国　Ⅳ . ①X928. 03

中国国家版本馆 CIP 数据核字（2024）第 094422 号

51 个行业领域重大事故隐患判定标准和重点检查事项

编　　者	本书编写组
责任编辑	罗秀全　赵金园
责任校对	赵　盼
封面设计	解雅欣

出版发行 应急管理出版社（北京市朝阳区芍药居 35 号　100029）
电　　话 010 – 84657898（总编室）　010 – 84657880（读者服务部）
网　　址 www. cciph. com. cn
印　　刷 天津嘉恒印务有限公司
经　　销 全国新华书店

开　　本 710mm × 1000mm¹/₁₆　**印张** 17　**字数** 296 千字
版　　次 2024 年 5 月第 1 版　2024 年 5 月第 1 次印刷
社内编号 20240469　　　　　　　　　**定价** 69.00 元

目　　　录

中华人民共和国应急管理部令

第 4 号

《煤矿重大事故隐患判定标准》已经 2020 年 11 月 2 日应急管理部第 31 次部务会议审议通过，现予公布，自 2021 年 1 月 1 日起施行。

部长　王玉普

2020 年 11 月 20 日

煤矿重大事故隐患判定标准

第一条　为了准确认定、及时消除煤矿重大事故隐患，根据《中华人民共和国安全生产法》和《国务院关于预防煤矿生产安全事故的特别规定》（国务院令第 446 号）等法律、行政法规，制定本标准。

第二条　本标准适用于判定各类煤矿重大事故隐患。

第三条　煤矿重大事故隐患包括下列 15 个方面：

（一）超能力、超强度或者超定员组织生产；

（二）瓦斯超限作业；

（三）煤与瓦斯突出矿井，未依照规定实施防突出措施；

（四）高瓦斯矿井未建立瓦斯抽采系统和监控系统，或者系统不能正常运行；

（五）通风系统不完善、不可靠；

（六）有严重水患，未采取有效措施；

（七）超层越界开采；

（八）有冲击地压危险，未采取有效措施；

（九）自然发火严重，未采取有效措施；

（十）使用明令禁止使用或者淘汰的设备、工艺；

（十一）煤矿没有双回路供电系统；

（十二）新建煤矿边建设边生产，煤矿改扩建期间，在改扩建的区域生产，或者在其他区域的生产超出安全设施设计规定的范围和规模；

（十三）煤矿实行整体承包生产经营后，未重新取得或者及时变更安全生产许可证而从事生产，或者承包方再次转包，以及将井下采掘工作面和井巷维修作业进行劳务承包；

（十四）煤矿改制期间，未明确安全生产责任人和安全管理机构，或者在完成改制后，未重新取得或者变更采矿许可证、安全生产许可证和营业执照；

（十五）其他重大事故隐患。

第四条 "超能力、超强度或者超定员组织生产"重大事故隐患，是指有下列情形之一的：

（一）煤矿全年原煤产量超过核定（设计）生产能力幅度在10%以上，或者月原煤产量大于核定（设计）生产能力的10%的；

（二）煤矿或其上级公司超过煤矿核定（设计）生产能力下达生产计划或者经营指标的；

（三）煤矿开拓、准备、回采煤量可采期小于国家规定的最短时间，未主动采取限产或者停产措施，仍然组织生产的（衰老煤矿和地方人民政府计划停产关闭煤矿除外）；

（四）煤矿井下同时生产的水平超过2个，或者一个采（盘）区内同时作业的采煤、煤（半煤岩）巷掘进工作面个数超过《煤矿安全规程》规定的；

（五）瓦斯抽采不达标组织生产的；

（六）煤矿未制定或者未严格执行井下劳动定员制度，或者采掘作业地点单班作业人数超过国家有关限员规定20%以上的。

第五条 "瓦斯超限作业"重大事故隐患，是指有下列情形之一的：

（一）瓦斯检查存在漏检、假检情况且进行作业的；

（二）井下瓦斯超限后继续作业或者未按照国家规定处置继续进行作业的；

（三）井下排放积聚瓦斯未按照国家规定制定并实施安全技术措施进行作业的。

第六条 "煤与瓦斯突出矿井，未依照规定实施防突出措施"重大事故隐患，是指有下列情形之一的：

（一）未设立防突机构并配备相应专业人员的；

（二）未建立地面永久瓦斯抽采系统或者系统不能正常运行的；

（三）未按照国家规定进行区域或者工作面突出危险性预测的（直接认定为突出危险区域或者突出危险工作面的除外）；

（四）未按照国家规定采取防治突出措施的；

（五）未按照国家规定进行防突措施效果检验和验证，或者防突措施效果检验和验证不达标仍然组织生产建设，或者防突措施效果检验和验证数据造假的；

（六）未按照国家规定采取安全防护措施的；

（七）使用架线式电机车的。

第七条 "高瓦斯矿井未建立瓦斯抽采系统和监控系统，或者系统不能正常运行"重大事故隐患，是指有下列情形之一的：

（一）按照《煤矿安全规程》规定应当建立而未建立瓦斯抽采系统或者系统不正常使用的；

（二）未按照国家规定安设、调校甲烷传感器，人为造成甲烷传感器失效，或者瓦斯超限后不能报警、断电或者断电范围不符合国家规定的。

第八条 "通风系统不完善、不可靠"重大事故隐患，是指有下列情形之一的：

（一）矿井总风量不足或者采掘工作面等主要用风地点风量不足的；

（二）没有备用主要通风机，或者两台主要通风机不具有同等能力的；

（三）违反《煤矿安全规程》规定采用串联通风的；

（四）未按照设计形成通风系统，或者生产水平和采（盘）区未实现分区通风的；

（五）高瓦斯、煤与瓦斯突出矿井的任一采（盘）区，开采容易自燃煤层、低瓦斯矿井开采煤层群和分层开采采用联合布置的采（盘）区，未设置专用回风巷，或者突出煤层工作面没有独立的回风系统的；

（六）进、回风井之间和主要进、回风巷之间联络巷中的风墙、风门不符合《煤矿安全规程》规定，造成风流短路的；

（七）采区进、回风巷未贯穿整个采区，或者虽贯穿整个采区但一段进风、一段回风，或者采用倾斜长壁布置，大巷未超前至少2个区段构成通风系统即开掘其他巷道的；

（八）煤巷、半煤岩巷和有瓦斯涌出的岩巷掘进未按照国家规定装备甲烷电、风电闭锁装置或者有关装置不能正常使用的；

（九）高瓦斯、煤（岩）与瓦斯（二氧化碳）突出矿井的煤巷、半煤岩巷和有瓦斯涌出的岩巷掘进工作面采用局部通风时，不能实现双风机、双电源且自动切换的；

（十）高瓦斯、煤（岩）与瓦斯（二氧化碳）突出建设矿井进入二期工程前，其他建设矿井进入三期工程前，没有形成地面主要通风机供风的全风压通风系统的。

第九条 "有严重水患，未采取有效措施"重大事故隐患，是指有下列情形之一的：

（一）未查明矿井水文地质条件和井田范围内采空区、废弃老窑积水等情况而组织生产建设的；

（二）水文地质类型复杂、极复杂的矿井未设置专门的防治水机构、未配备专门的探放水作业队伍，或者未配齐专用探放水设备的；

（三）在需要探放水的区域进行采掘作业未按照国家规定进行探放水的；

（四）未按照国家规定留设或者擅自开采（破坏）各种防隔水煤（岩）柱的；

（五）有突（透、溃）水征兆未撤出井下所有受水患威胁地点人员的；

（六）受地表水倒灌威胁的矿井在强降雨天气或其来水上游发生洪水期间未实施停产撤人的；

（七）建设矿井进入三期工程前，未按照设计建成永久排水系统，或者生产矿井延深到设计水平时，未建成防、排水系统而违规开拓掘进的；

（八）矿井主要排水系统水泵排水能力、管路和水仓容量不符合《煤矿安全规程》规定的；

（九）开采地表水体、老空水淹区域或者强含水层下急倾斜煤层，未按照国家规定消除水患威胁的。

第十条 "超层越界开采"重大事故隐患，是指有下列情形之一的：

（一）超出采矿许可证载明的开采煤层层位或者标高进行开采的；

（二）超出采矿许可证载明的坐标控制范围进行开采的；

（三）擅自开采（破坏）安全煤柱的。

第十一条 "有冲击地压危险，未采取有效措施"重大事故隐患，是指有下列情形之一的：

（一）未按照国家规定进行煤层（岩层）冲击倾向性鉴定，或者开采有冲击倾向性煤层未进行冲击危险性评价，或者开采冲击地压煤层，未进行采区、采掘工作面冲击危险性评价的；

（二）有冲击地压危险的矿井未设置专门的防冲机构、未配备专业人员或者未编制专门设计的；

（三）未进行冲击地压危险性预测，或者未进行防冲措施效果检验以及防冲措施效果检验不达标仍组织生产建设的；

（四）开采冲击地压煤层时，违规开采孤岛煤柱，采掘工作面位置、间距不符合国家规定，或者开采顺序不合理、采掘速度不符合国家规定、违反国家规定布置巷道或者留设煤（岩）柱造成应力集中的；

（五）未制定或者未严格执行冲击地压危险区域人员准入制度的。

第十二条 "自然发火严重，未采取有效措施"重大事故隐患，是指有下列情形之一的：

（一）开采容易自燃和自燃煤层的矿井，未编制防灭火专项设计或者未采取综合防灭火措施的；

（二）高瓦斯矿井采用放顶煤采煤法不能有效防治煤层自然发火的；

（三）有自然发火征兆没有采取相应的安全防范措施继续生产建设的；

（四）违反《煤矿安全规程》规定启封火区的。

第十三条 "使用明令禁止使用或者淘汰的设备、工艺"重大事故隐患，是指有下列情形之一的：

（一）使用被列入国家禁止井工煤矿使用的设备及工艺目录的产品或者工艺的；

（二）井下电气设备、电缆未取得煤矿矿用产品安全标志的；

（三）井下电气设备选型与矿井瓦斯等级不符，或者采（盘）区内防爆型电气设备存在失爆，或者井下使用非防爆无轨胶轮车的；

（四）未按照矿井瓦斯等级选用相应的煤矿许用炸药和雷管、未使用专用发爆器，或者裸露爆破的；

（五）采煤工作面不能保证 2 个畅通的安全出口的；

（六）高瓦斯矿井、煤与瓦斯突出矿井、开采容易自燃和自燃煤层（薄煤层除外）矿井，采煤工作面采用前进式采煤方法的。

第十四条 "煤矿没有双回路供电系统"重大事故隐患，是指有下列情形之一的：

（一）单回路供电的；

（二）有两回路电源线路但取自一个区域变电所同一母线段的；

（三）进入二期工程的高瓦斯、煤与瓦斯突出、水文地质类型为复杂和极复杂的建设矿井，以及进入三期工程的其他建设矿井，未形成两回路供电的。

第十五条 "新建煤矿边建设边生产，煤矿改扩建期间，在改扩建的区域生产，或者在其他区域的生产超出安全设施设计规定的范围和规模"重大事故隐患，是指有下列情形之一的：

（一）建设项目安全设施设计未经审查批准，或者审查批准后作出重大变更未经再次审查批准擅自组织施工的；

（二）新建煤矿在建设期间组织采煤的（经批准的联合试运转除外）；

（三）改扩建矿井在改扩建区域生产的；

（四）改扩建矿井在非改扩建区域超出设计规定范围和规模生产的。

第十六条 "煤矿实行整体承包生产经营后，未重新取得或者及时变更安全生产许可证而从事生产，或者承包方再次转包，以及将井下采掘工作面和井巷维修作业进行劳务承包"重大事故隐患，是指有下列情形之一的：

（一）煤矿未采取整体承包形式进行发包，或者将煤矿整体发包给不具有法人资格或者未取得合法有效营业执照的单位或者个人的；

（二）实行整体承包的煤矿，未签订安全生产管理协议，或者未按照国家规定约定双方安全生产管理职责而进行生产的；

（三）实行整体承包的煤矿，未重新取得或者变更安全生产许可证进行生产的；

（四）实行整体承包的煤矿，承包方再次将煤矿转包给其他单位或者个人的；

（五）井工煤矿将井下采掘作业或者井巷维修作业（井筒及井下新水平延深的井底车场、主运输、主通风、主排水、主要机电硐室开拓工程除外）作为独立工程发包给其他企业或者个人的，以及转包井下新水平延深开拓工程的。

第十七条 "煤矿改制期间，未明确安全生产责任人和安全管理机构，或者在完成改制后，未重新取得或者变更采矿许可证、安全生产许可证和营业执照"重大事故隐患，是指有下列情形之一的：

（一）改制期间，未明确安全生产责任人进行生产建设的；

（二）改制期间，未健全安全生产管理机构和配备安全管理人员进行生产建设的；

（三）完成改制后，未重新取得或者变更采矿许可证、安全生产许可证、营业执照而进行生产建设的。

第十八条 "其他重大事故隐患"，是指有下列情形之一的：

（一）未分别配备专职的矿长、总工程师和分管安全、生产、机电的副矿长，以及负责采煤、掘进、机电运输、通风、地测、防治水工作的专业技术人员的；

（二）未按照国家规定足额提取或者未按照国家规定范围使用安全生产费用的；

（三）未按照国家规定进行瓦斯等级鉴定，或者瓦斯等级鉴定弄虚作假的；

（四）出现瓦斯动力现象，或者相邻矿井开采的同一煤层发生了突出事故，或者被鉴定、认定为突出煤层，以及煤层瓦斯压力达到或者超过 0.74 MPa 的非突出矿井，未立即按照突出煤层管理并在国家规定期限内进行突出危险性鉴定的（直接认定为突出矿井的除外）；

（五）图纸作假、隐瞒采掘工作面，提供虚假信息、隐瞒下井人数，或者矿长、总工程师（技术负责人）履行安全生产岗位责任制及管理制度时伪造记录，弄虚作假的；

（六）矿井未安装安全监控系统、人员位置监测系统或者系统不能正常运行，以及对系统数据进行修改、删除及屏蔽，或者煤与瓦斯突出矿井存在第七条第二项情形的；

（七）提升（运送）人员的提升机未按照《煤矿安全规程》规定安装保护装置，或者保护装置失效，或者超员运行的；

（八）带式输送机的输送带入井前未经过第三方阻燃和抗静电性能试验，或者试验不合格入井，或者输送带防打滑、跑偏、堆煤等保护装置或者温度、烟雾监测装置失效的；

（九）掘进工作面后部巷道或者独头巷道维修（着火点、高温点处理）时，维修（处理）点以里继续掘进或者有人员进入，或者采掘工作面未按照国家规定安设压风、供水、通信线路及装置的；

（十）露天煤矿边坡角大于设计最大值，或者边坡发生严重变形未及时采取措施进行治理的；

（十一）国家矿山安全监察机构认定的其他重大事故隐患。

第十九条 本标准所称的国家规定，是指有关法律、行政法规、部门规章、国家标准、行业标准，以及国务院及其应急管理部门、国家矿山安全监察机构依法制定的行政规范性文件。

第二十条 本标准自 2021 年 1 月 1 日起施行。原国家安全生产监督管理总局 2015 年 12 月 3 日公布的《煤矿重大生产安全事故隐患判定标准》（国家安全生产监督管理总局令第 85 号）同时废止。

国家矿山安全监察局关于认定露天煤矿重大事故隐患情形的通知

矿安〔2023〕125 号

各产煤省、自治区及新疆生产建设兵团煤矿安全监管部门、煤炭行业管理部门，国家矿山安全监察局各省级局，有关中央企业：

根据《煤矿重大事故隐患判定标准》（应急管理部令第 4 号）第十八条第十一项"国家矿山安全监察机构认定的其他重大事故隐患"规定，国家矿山安全监察局在《煤矿重大事故隐患判定标准》基础上，认定下列情形为露天煤矿重大事故隐患，请遵照执行。

国家矿山安全监察局

2023 年 9 月 14 日

认定露天煤矿重大事故隐患情形

一、边坡变形量出现异常变化，未采取措施进行治理，或者出现滑坡征兆，未及时停止作业并撤离人员的。

"边坡变形量出现异常变化"包括边坡明显沉降、严重变形、变形加速等情形。"明显沉降"是指硬岩（岩石饱和单轴抗压强度＞30 MPa）沉降≥10 cm、软岩（岩石饱和单轴抗压强度 5～30 MPa 之间）沉降≥25 cm、极软岩（岩石饱和单轴抗压强度≤5 MPa）沉降≥40 cm 等情形。"严重变形"是指边坡出现较大裂缝（30 cm 以上），平盘大面积滑落、垮塌或者平盘明显底鼓等情形。"变形加速"是指边坡监测资料显示的边坡位移量在 72 小时内连续出现加速变化的趋势。"滑坡征兆"包括边坡出现大面积滚石滑落或者裂缝增大、贯通等现象。"裂缝增大、贯通"是指采场边坡裂缝长度达到 200 m 及以上且高度超过 3 个台阶，排土场边坡裂缝长度达到 500 m 及以上且高度超过 3 个台阶的情形。

二、边坡角大于设计最大值，或者台阶高度严重超高、平盘宽度严重不足的。

"台阶高度严重超高"是指采场、排土场单个台阶高度大于设计值的 2 倍及以上。"平盘宽度严重不足"是指正常工作的平盘宽度不足设计值 1/2 的，不包括临时到界平盘和已到界平盘。

三、边坡监测系统不能正常运行，监测内容不全面，监测范围未做到全覆盖的，或者关闭、破坏边坡监测系统，隐瞒、篡改、销毁边坡监测数据、信息的。

"边坡监测系统不能正常运行"是指边坡监测系统因故障不能发挥应有监控、监测作用，且未采用人工监测等补救措施的。"监测内容不全面"是指缺少表面变形、裂缝、隆起其中任何一项的。"监测范围未做到全覆盖"是指未覆盖采场、排土场全部区域（包括采场端帮和工作帮边坡、排土场到界边坡和工作帮边坡）。

四、在高温区和自然发火区爆破时未采取措施的。

"未采取措施"是指未采取下列措施中任何一项的：测试孔内温度；有明火的炮孔或者孔内温度在 80 ℃以上的高温炮孔采取有效灭火、降温措施；高温孔降温处理合格后方可装药起爆；高温孔应当采用热感度低的炸药，或者将炸药、雷管作隔热包装。

五、井工转露天开采的煤矿，未探明老空区情况，或者已探明未制定安全措施的。

六、将采煤工程作为独立工程发包给其他单位或者个人的，或者将剥离工程发包给 2 家以上单位或者个人的。

"采煤工程"包括坑下煤炭采装、运输全过程，不得作为独立工程对外承包，不得使用劳务派遣工，承包单位完全实现无人驾驶运输的除外。"剥离工程"包括坑下土岩采装、运输、排弃全过程。认定本情形的过渡期至 2024 年 12 月 31 日。

七、将剥离工程转包或者违法分包的，或者未对剥离工程承包单位的安全生产工作统一协调、管理的，或者未定期进行安全检查的。

"违法分包"是指承包单位将土岩采装、运输、排弃中的任一过程分包给其他单位或个人施工的行为。"未对剥离工程承包单位的安全生产工作统一协调、管理的"，是指未与承包单位签订专门的安全生产管理协议，或者未在承包合同中约定各自的安全生产管理职责，或者与承包单位签订的安全生产管理协议、承包合同中，免除或者转嫁企业安全生产工作统一协调、管理义务的。"未定期进行安全检查"，是指未按照安全生产规章制度或者协议、合同中的要求，定期对承包单位进行安全检查，或者发现安全生产问题未督促整改。

国家矿山安全监察局关于印发《金属非金属矿山重大事故隐患判定标准》的通知

矿安〔2022〕88 号

各省、自治区、直辖市应急管理厅（局），新疆生产建设兵团应急管理局，国家矿山安全监察局各省级局，有关中央企业：

《金属非金属矿山重大事故隐患判定标准》已经国家矿山安全监察局 2022 年第 14 次局务会议审议通过，现印发给你们，请遵照执行。

本规定自 2022 年 9 月 1 日起施行。经应急管理部同意，原国家安全监管总局印发的《金属非金属矿山重大生产安全事故隐患判定标准（试行）》（安监总管一〔2017〕98 号）同时废止。

国家矿山安全监察局

2022 年 7 月 8 日

金属非金属矿山重大事故隐患判定标准

一、金属非金属地下矿山重大事故隐患

（一）安全出口存在下列情形之一的：

1. 矿井直达地面的独立安全出口少于 2 个，或者与设计不一致；

2. 矿井只有两个独立直达地面的安全出口且安全出口的间距小于 30 米，或者矿体一翼走向长度超过 1000 米且未在此翼设置安全出口；

3. 矿井的全部安全出口均为竖井且竖井内均未设置梯子间，或者作为主要

安全出口的罐笼提升井只有 1 套提升系统且未设梯子间；

4. 主要生产中段（水平）、单个采区、盘区或者矿块的安全出口少于 2 个，或者未与通往地面的安全出口相通；

5. 安全出口出现堵塞或者其梯子、踏步等设施不能正常使用，导致安全出口不畅通。

（二）使用国家明令禁止使用的设备、材料或者工艺。

（三）不同矿权主体的相邻矿山井巷相互贯通，或者同一矿权主体相邻独立生产系统的井巷擅自贯通。

（四）地下矿山现状图纸存在下列情形之一的：

1. 未保存《金属非金属矿山安全规程》（GB 16423—2020）第 4.1.10 条规定的图纸，或者生产矿山每 3 个月、基建矿山每 1 个月未更新上述图纸；

2. 岩体移动范围内的地面建构筑物、运输道路及沟谷河流与实际不符；

3. 开拓工程和采准工程的井巷或者井下采区与实际不符；

4. 相邻矿山采区位置关系与实际不符；

5. 采空区和废弃井巷的位置、处理方式、现状，以及地表塌陷区的位置与实际不符。

（五）露天转地下开采存在下列情形之一的：

1. 未按设计采取防排水措施；

2. 露天与地下联合开采时，回采顺序与设计不符；

3. 未按设计采取留设安全顶柱或者岩石垫层等防护措施。

（六）矿区及其附近的地表水或者大气降水危及井下安全时，未按设计采取防治水措施。

（七）井下主要排水系统存在下列情形之一的：

1. 排水泵数量少于 3 台，或者工作水泵、备用水泵的额定排水能力低于设计要求；

2. 井巷中未按设计设置工作和备用排水管路，或者排水管路与水泵未有效连接；

3. 井下最低中段的主水泵房通往中段巷道的出口未装设防水门，或者另外一个出口未高于水泵房地面 7 米以上；

4. 利用采空区或者其他废弃巷道作为水仓。

（八）井口标高未达到当地历史最高洪水位 1 米以上，且未按设计采取相应防护措施。

（九）水文地质类型为中等或者复杂的矿井，存在下列情形之一的：

1. 未配备防治水专业技术人员；

2. 未设置防治水机构，或者未建立探放水队伍；

3. 未配齐专用探放水设备，或者未按设计进行探放水作业。

（十）水文地质类型复杂的矿山存在下列情形之一的：

1. 关键巷道防水门设置与设计不符；

2. 主要排水系统的水仓与水泵房之间的隔墙或者配水阀未按设计设置。

（十一）在突水威胁区域或者可疑区域进行采掘作业，存在下列情形之一的：

1. 未编制防治水技术方案，或者未在施工前制定专门的施工安全技术措施；

2. 未超前探放水，或者超前钻孔的数量、深度低于设计要求，或者超前钻孔方位不符合设计要求。

（十二）受地表水倒灌威胁的矿井在强降雨天气或者其来水上游发生洪水期间，未实施停产撤人。

（十三）有自然发火危险的矿山，存在下列情形之一的：

1. 未安装井下环境监测系统，实现自动监测与报警；

2. 未按设计或者国家标准、行业标准采取防灭火措施；

3. 发现自然发火预兆，未采取有效处理措施。

（十四）相邻矿山开采岩体移动范围存在交叉重叠等相互影响时，未按设计留设保安矿（岩）柱或者采取其他措施。

（十五）地表设施设置存在下列情形之一，未按设计采取有效安全措施的：

1. 岩体移动范围内存在居民村庄或者重要设备设施；

2. 主要开拓工程出入口易受地表滑坡、滚石、泥石流等地质灾害影响。

（十六）保安矿（岩）柱或者采场矿柱存在下列情形之一的：

1. 未按设计留设矿（岩）柱；

2. 未按设计回采矿柱；

3. 擅自开采、损毁矿（岩）柱。

（十七）未按设计要求的处理方式或者时间对采空区进行处理。

（十八）工程地质类型复杂、有严重地压活动的矿山存在下列情形之一的：

1. 未设置专门机构、配备专门人员负责地压防治工作；

2. 未制定防治地压灾害的专门技术措施；

3. 发现大面积地压活动预兆，未立即停止作业、撤出人员。

（十九）巷道或者采场顶板未按设计采取支护措施。

（二十）矿井未采用机械通风，或者采用机械通风的矿井存在下列情形之一的：

1. 在正常生产情况下，主通风机未连续运转；

2. 主通风机发生故障或者停机检查时，未立即向调度室和企业主要负责人报告，或者未采取必要安全措施；

3. 主通风机未按规定配备备用电动机，或者未配备能迅速调换电动机的设备及工具；

4. 作业工作面风速、风量、风质不符合国家标准或者行业标准要求；

5. 未设置通风系统在线监测系统的矿井，未按国家标准规定每年对通风系统进行 1 次检测；

6. 主通风设施不能在 10 分钟之内实现矿井反风，或者反风试验周期超过 1 年。

（二十一）未配齐或者随身携带具有矿用产品安全标志的便携式气体检测报警仪和自救器，或者从业人员不能正确使用自救器。

（二十二）担负提升人员的提升系统，存在下列情形之一的：

1. 提升机、防坠器、钢丝绳、连接装置、提升容器未按国家规定进行定期检测检验，或者提升设备的安全保护装置失效；

2. 竖井井口和井下各中段马头门设置的安全门或者摇台与提升机未实现联锁；

3. 竖井提升系统过卷段未按国家规定设置过卷缓冲装置、楔形罐道、过卷挡梁或者不能正常使用，或者提升人员的罐笼提升系统未按国家规定在井架或者井塔的过卷段内设置罐笼防坠装置；

4. 斜井串车提升系统未按国家规定设置常闭式防跑车装置、阻车器、挡车栏，或者连接链、连接插销不符合国家规定；

5. 斜井提升信号系统与提升机之间未实现闭锁。

（二十三）井下无轨运人车辆存在下列情形之一的：

1. 未取得金属非金属矿山矿用产品安全标志；

2. 载人数量超过 25 人或者超过核载人数；

3. 制动系统采用干式制动器，或者未同时配备行车制动系统、驻车制动系统和应急制动系统；

4. 未按国家规定对车辆进行检测检验。

（二十四）一级负荷未采用双重电源供电，或者双重电源中的任一电源不能满足全部一级负荷需要。

（二十五）向井下采场供电的 6 kV～35 kV 系统的中性点采用直接接地。

（二十六）工程地质或者水文地质类型复杂的矿山，井巷工程施工未进行施工组织设计，或者未按施工组织设计落实安全措施。

（二十七）新建、改扩建矿山建设项目有下列行为之一的：

1. 安全设施设计未经批准，或者批准后出现重大变更未经再次批准擅自组织施工；

2. 在竣工验收前组织生产，经批准的联合试运转除外。

（二十八）矿山企业违反国家有关工程项目发包规定，有下列行为之一的：

1. 将工程项目发包给不具有法定资质和条件的单位，或者承包单位数量超过国家规定的数量；

2. 承包单位项目部的负责人、安全生产管理人员、专业技术人员、特种作业人员不符合国家规定的数量、条件或者不属于承包单位正式职工。

（二十九）井下或者井口动火作业未按国家规定落实审批制度或者安全措施。

（三十）矿山年产量超过矿山设计年生产能力幅度在 20% 及以上，或者月产量大于矿山设计年生产能力的 20% 及以上。

（三十一）矿井未建立安全监测监控系统、人员定位系统、通信联络系统，或者已经建立的系统不符合国家有关规定，或者系统运行不正常未及时修复，或者关闭、破坏该系统，或者篡改、隐瞒、销毁其相关数据、信息。

（三十二）未配备具有矿山相关专业的专职矿长、总工程师以及分管安全、生产、机电的副矿长，或者未配备具有采矿、地质、测量、机电等专业的技术人员。

二、金属非金属露天矿山重大事故隐患

（一）地下开采转露天开采前，未探明采空区和溶洞，或者未按设计处理对露天开采安全有威胁的采空区和溶洞。

（二）使用国家明令禁止使用的设备、材料或者工艺。

（三）未采用自上而下的开采顺序分台阶或者分层开采。

（四）工作帮坡角大于设计工作帮坡角，或者最终边坡台阶高度超过设计高度。

（五）开采或者破坏设计要求保留的矿（岩）柱或者挂帮矿体。

（六）未按有关国家标准或者行业标准对采场边坡、排土场边坡进行稳定性分析。

（七）边坡存在下列情形之一的：

1. 高度200米及以上的采场边坡未进行在线监测；

2. 高度200米及以上的排土场边坡未建立边坡稳定监测系统；

3. 关闭、破坏监测系统或者隐瞒、篡改、销毁其相关数据、信息。

（八）边坡出现滑移现象，存在下列情形之一的：

1. 边坡出现横向及纵向放射状裂缝；

2. 坡体前缘坡脚处出现上隆（凸起）现象，后缘的裂缝急剧扩展；

3. 位移观测资料显示的水平位移量或者垂直位移量出现加速变化的趋势。

（九）运输道路坡度大于设计坡度10%以上。

（十）凹陷露天矿山未按设计建设防洪、排洪设施。

（十一）排土场存在下列情形之一的：

1. 在平均坡度大于1:5的地基上顺坡排土，未按设计采取安全措施；

2. 排土场总堆置高度2倍范围以内有人员密集场所，未按设计采取安全措施；

3. 山坡排土场周围未按设计修筑截、排水设施。

（十二）露天采场未按设计设置安全平台和清扫平台。

（十三）擅自对在用排土场进行回采作业。

三、尾矿库重大事故隐患

（一）库区或者尾矿坝上存在未按设计进行开采、挖掘、爆破等危及尾矿库安全的活动。

（二）坝体存在下列情形之一的：

1. 坝体出现严重的管涌、流土变形等现象；

2. 坝体出现贯穿性裂缝、坍塌、滑动迹象；

3. 坝体出现大面积纵向裂缝，且出现较大范围渗透水高位出逸或者大面积沼泽化。

（三）坝体的平均外坡比或者堆积子坝的外坡比陡于设计坡比。

（四）坝体高度超过设计总坝高，或者尾矿库超过设计库容贮存尾矿。

（五）尾矿堆积坝上升速率大于设计堆积上升速率。

（六）采用尾矿堆坝的尾矿库，未按《尾矿库安全规程》（GB 39496—2020）第6.1.9条规定对尾矿坝做全面的安全性复核。

（七）浸润线埋深小于控制浸润线埋深。

（八）汛前未按国家有关规定对尾矿库进行调洪演算，或者湿式尾矿库防洪高度和干滩长度小于设计值，或者干式尾矿库防洪高度和防洪宽度小于设计值。

（九）排洪系统存在下列情形之一的：

1. 排水井、排水斜槽、排水管、排水隧洞、拱板、盖板等排洪建构筑物混凝土厚度、强度或者型式不满足设计要求；

2. 排洪设施部分堵塞或者坍塌、排水井有所倾斜，排水能力有所降低，达不到设计要求；

3. 排洪构筑物终止使用时，封堵措施不满足设计要求。

（十）设计以外的尾矿、废料或者废水进库。

（十一）多种矿石性质不同的尾砂混合排放时，未按设计进行排放。

（十二）冬季未按设计要求的冰下放矿方式进行放矿作业。

（十三）安全监测系统存在下列情形之一的：

1. 未按设计设置安全监测系统；

2. 安全监测系统运行不正常未及时修复；

3. 关闭、破坏安全监测系统，或者篡改、隐瞒、销毁其相关数据、信息。

（十四）干式尾矿库存在下列情形之一的：

1. 入库尾矿的含水率大于设计值，无法进行正常碾压且未设置可靠的防范措施；

2. 堆存推进方向与设计不一致；

3. 分层厚度或者台阶高度大于设计值；

4. 未按设计要求进行碾压。

（十五）经验算，坝体抗滑稳定最小安全系数小于国家标准规定值的0.98倍。

（十六）三等及以上尾矿库及"头顶库"未按设计设置通往坝顶、排洪系统附近的应急道路，或者应急道路无法满足应急抢险时通行和运送应急物资的需求。

（十七）尾矿库回采存在下列情形之一的：

1. 未经批准擅自回采；

2. 回采方式、顺序、单层开采高度、台阶坡面角不符合设计要求；

3. 同时进行回采和排放。

（十八）用以贮存独立选矿厂进行矿石选别后排出尾矿的场所，未按尾矿库实施安全管理的。

（十九）未按国家规定配备专职安全生产管理人员、专业技术人员和特种作业人员。

国家矿山安全监察局关于印发
《金属非金属矿山重大事故隐患判定
标准补充情形》的通知

矿安〔2024〕41号

各省、自治区、直辖市应急管理厅（局），新疆生产建设兵团应急管理局，国家矿山安全监察局各省级局，有关中央企业：

《金属非金属矿山重大事故隐患判定标准补充情形》已经国家矿山安全监察局 2024 年第 7 次局务会议审议通过，现印发给你们，请遵照执行。

国家矿山安全监察局

2024 年 4 月 23 日

金属非金属矿山重大事故隐患判定
标准补充情形

一、金属非金属地下矿山重大事故隐患

（一）地表距进风井口和平硐口 50 m 范围内存放油料或其他易燃、易爆材料。

（二）受地表水威胁的矿井，未查清矿山及周边地面裂缝、废弃井巷、封闭不良钻孔、采空区、水力联系通道等隐蔽致灾因素或者未采取有效治理措施，在井下受威胁区域组织生产建设。

（三）办公区、生活区等人员集聚场所设在危崖、塌陷区、崩落区，或洪水、泥石流、滑坡等灾害威胁范围内。

（四）遇极端天气地下矿山未及时停止作业、撤出现场作业人员。

二、金属非金属露天矿山重大事故隐患

（一）办公区、生活区等人员集聚场所设在危崖、塌陷区、崩落区，或洪水、泥石流、滑坡等灾害威胁范围内。

（二）遇极端天气露天矿山未及时停止作业、撤出现场作业人员。

三、尾矿库重大事故隐患

（一）尾矿库排洪构筑物拱板（盖板）与周边结构缝隙未采用设计材料充满充实的，或封堵体设置在井顶、井身段或斜槽顶、槽身段。

（二）遇极端天气尾矿库未及时停止作业、撤出现场作业人员。

国家安全监管总局关于印发《化工和危险化学品生产经营单位重大生产安全事故隐患判定标准（试行）》和《烟花爆竹生产经营单位重大生产安全事故隐患判定标准（试行）》的通知

安监总管三〔2017〕121 号

各省、自治区、直辖市及新疆生产建设兵团安全生产监督管理局，有关中央企业：

为准确判定、及时整改化工和危险化学品生产经营单位及烟花爆竹生产经营单位重大生产安全事故隐患，有效防范遏制重特大生产安全事故，根据《安全生产法》和《中共中央 国务院关于推进安全生产领域改革发展的意见》，国家安全监管总局制定了《化工和危险化学品生产经营单位重大生产安全事故隐患判定标准（试行）》和《烟花爆竹生产经营单位重大生产安全事故隐患判定标准（试行）》（以下简称《判定标准》），现印发给你们，请遵照执行。

请各省级安全监管局、有关中央企业及时将本通知要求传达至辖区内各级安全监管部门和有关生产经营单位。各级安全监管部门要按照有关法律法规规定，将《判定标准》作为执法检查的重要依据，强化执法检查，建立健全重大生产安全事故隐患治理督办制度，督促生产经营单位及时消除重大生产安全事故隐患。

国家安全监管总局

2017 年 11 月 13 日

化工和危险化学品生产经营单位重大生产安全事故隐患判定标准（试行）

依据有关法律法规、部门规章和国家标准，以下情形应当判定为重大事故隐患：

一、危险化学品生产、经营单位主要负责人和安全生产管理人员未依法经考核合格。

二、特种作业人员未持证上岗。

三、涉及"两重点一重大"的生产装置、储存设施外部安全防护距离不符合国家标准要求。

四、涉及重点监管危险化工工艺的装置未实现自动化控制，系统未实现紧急停车功能，装备的自动化控制系统、紧急停车系统未投入使用。

五、构成一级、二级重大危险源的危险化学品罐区未实现紧急切断功能；涉及毒性气体、液化气体、剧毒液体的一级、二级重大危险源的危险化学品罐区未配备独立的安全仪表系统。

六、全压力式液化烃储罐未按国家标准设置注水措施。

七、液化烃、液氨、液氯等易燃易爆、有毒有害液化气体的充装未使用万向管道充装系统。

八、光气、氯气等剧毒气体及硫化氢气体管道穿越除厂区（包括化工园区、工业园区）外的公共区域。

九、地区架空电力线路穿越生产区且不符合国家标准要求。

十、在役化工装置未经正规设计且未进行安全设计诊断。

十一、使用淘汰落后安全技术工艺、设备目录列出的工艺、设备。

十二、涉及可燃和有毒有害气体泄漏的场所未按国家标准设置检测报警装置，爆炸危险场所未按国家标准安装使用防爆电气设备。

十三、控制室或机柜间面向具有火灾、爆炸危险性装置一侧不满足国家标准关于防火防爆的要求。

十四、化工生产装置未按国家标准要求设置双重电源供电，自动化控制系统未设置不间断电源。

十五、安全阀、爆破片等安全附件未正常投用。

十六、未建立与岗位相匹配的全员安全生产责任制或者未制定实施生产安全事故隐患排查治理制度。

十七、未制定操作规程和工艺控制指标。

十八、未按照国家标准制定动火、进入受限空间等特殊作业管理制度，或者制度未有效执行。

十九、新开发的危险化学品生产工艺未经小试、中试、工业化试验直接进行工业化生产；国内首次使用的化工工艺未经过省级人民政府有关部门组织的安全可靠性论证；新建装置未制定试生产方案投料开车；精细化工企业未按规范性文件要求开展反应安全风险评估。

二十、未按国家标准分区分类储存危险化学品，超量、超品种储存危险化学品，相互禁配物质混放混存。

烟花爆竹生产经营单位重大生产安全事故隐患判定标准（试行）

依据有关法律法规、部门规章和国家标准，以下情形应当判定为重大事故隐患：

一、主要负责人、安全生产管理人员未依法经考核合格。

二、特种作业人员未持证上岗，作业人员带药检维修设备设施。

三、职工自行携带工器具、机器设备进厂进行涉药作业。

四、工（库）房实际作业人员数量超过核定人数。

五、工（库）房实际滞留、存储药量超过核定药量。

六、工（库）房内、外部安全距离不足，防护屏障缺失或者不符合要求。

七、防静电、防火、防雷设备设施缺失或者失效。

八、擅自改变工（库）房用途或者违规私搭乱建。

九、工厂围墙缺失或者分区设置不符合国家标准。

十、将氧化剂、还原剂同库储存、违规预混或者在同一工房内粉碎、称量。

十一、在用涉药机械设备未经安全性论证或者擅自更改、改变用途。

十二、中转库、药物总库和成品总库的存储能力与设计产能不匹配。

十三、未建立与岗位相匹配的全员安全生产责任制或者未制定实施生产安全事故隐患排查治理制度。

十四、出租、出借、转让、买卖、冒用或者伪造许可证。

十五、生产经营的产品种类、危险等级超许可范围或者生产使用违禁药物。

十六、分包转包生产线、工房、库房组织生产经营。

十七、一证多厂或者多股东各自独立组织生产经营。

十八、许可证过期、整顿改造、恶劣天气等停产停业期间组织生产经营。

十九、烟花爆竹仓库存放其它爆炸物等危险物品或者生产经营违禁超标产品。

二十、零售点与居民居住场所设置在同一建筑物内或者在零售场所使用明火。

中华人民共和国应急管理部令

第 10 号

《工贸企业重大事故隐患判定标准》已经 2023 年 3 月 20 日应急管理部第 7 次部务会议审议通过，现予公布，自 2023 年 5 月 15 日起施行。

部长　王祥喜

2023 年 4 月 14 日

工贸企业重大事故隐患判定标准

第一条　为了准确判定、及时消除工贸企业重大事故隐患（以下简称重大事故隐患），根据《中华人民共和国安全生产法》等法律、行政法规，制定本标准。

第二条　本标准适用于判定冶金、有色、建材、机械、轻工、纺织、烟草、商贸等工贸企业重大事故隐患。工贸企业内涉及危险化学品、消防（火灾）、燃气、特种设备等方面的重大事故隐患判定另有规定的，适用其规定。

第三条　工贸企业有下列情形之一的，应当判定为重大事故隐患：

（一）未对承包单位、承租单位的安全生产工作统一协调、管理，或者未定期进行安全检查的；

（二）特种作业人员未按照规定经专门的安全作业培训并取得相应资格，上岗作业的；

（三）金属冶炼企业主要负责人、安全生产管理人员未按照规定经考核合格的。

第四条　冶金企业有下列情形之一的，应当判定为重大事故隐患：

（一）会议室、活动室、休息室、操作室、交接班室、更衣室（含澡堂）等 6 类人员聚集场所，以及钢铁水罐冷（热）修工位设置在铁水、钢水、液渣吊运跨的地坪区域内的；

（二）生产期间冶炼、精炼和铸造生产区域的事故坑、炉下渣坑，以及熔融金属泄漏和喷溅影响范围内的炉前平台、炉基区域、厂房内吊运和地面运输通道等6类区域存在积水的；

（三）炼钢连铸流程未设置事故钢水罐、中间罐漏钢坑（槽）、中间罐溢流坑（槽）、漏钢回转溜槽，或者模铸流程未设置事故钢水罐（坑、槽）的；

（四）转炉、电弧炉、AOD炉、LF炉、RH炉、VOD炉等炼钢炉的水冷元件未设置出水温度、进出水流量差等监测报警装置，或者监测报警装置未与炉体倾动、氧（副）枪自动提升、电极自动断电和升起装置联锁的；

（五）高炉生产期间炉顶工作压力设定值超过设计文件规定的最高工作压力，或者炉顶工作压力监测装置未与炉顶放散阀联锁，或者炉顶放散阀的联锁放散压力设定值超过设备设计压力值的；

（六）煤气生产、回收净化、加压混合、储存、使用设施附近的会议室、活动室、休息室、操作室、交接班室、更衣室等6类人员聚集场所，以及可能发生煤气泄漏、积聚的场所和部位未设置固定式一氧化碳浓度监测报警装置，或者监测数据未接入24小时有人值守场所的；

（七）加热炉、煤气柜、除尘器、加压机、烘烤器等设施，以及进入车间前的煤气管道未安装隔断装置的；

（八）正压煤气输配管线水封式排水器的最高封堵煤气压力小于30 kPa，或者同一煤气管道隔断装置的两侧共用一个排水器，或者不同煤气管道排水器上部的排水管连通，或者不同介质的煤气管道共用一个排水器的。

第五条　有色企业有下列情形之一的，应当判定为重大事故隐患：

（一）会议室、活动室、休息室、操作室、交接班室、更衣室（含澡堂）等6类人员聚集场所设置在熔融金属吊运跨的地坪区域内的；

（二）生产期间冶炼、精炼、铸造生产区域的事故坑、炉下渣坑，以及熔融金属泄漏、喷溅影响范围内的炉前平台、炉基区域、厂房内吊运和地面运输通道等6类区域存在非生产性积水的；

（三）熔融金属铸造环节未设置紧急排放和应急储存设施的（倾动式熔炼炉、倾动式保温炉、倾动式熔保一体炉、带保温炉的固定式熔炼炉除外）；

（四）采用水冷冷却的冶炼炉窑、铸造机（铝加工深井铸造工艺的结晶器除外）、加热炉未设置应急水源的；

（五）熔融金属冶炼炉窑的闭路循环水冷元件未设置出水温度、进出水流量差监测报警装置，或者开路水冷元件未设置进水流量、压力监测报警装置，或者未监测开路水冷元件出水温度的；

（六）铝加工深井铸造工艺的结晶器冷却水系统未设置进水压力、进水流量监测报警装置，或者监测报警装置未与快速切断阀、紧急排放阀、流槽断开装置联锁，或者监测报警装置未与倾动式浇铸炉控制系统联锁的；

（七）铝加工深井铸造工艺的浇铸炉铝液出口流槽、流槽与模盘（分配流槽）入口连接处未设置液位监测报警装置，或者固定式浇铸炉的铝液出口未设置机械锁紧装置的；

（八）铝加工深井铸造工艺的固定式浇铸炉的铝液流槽未设置紧急排放阀，或者流槽与模盘（分配流槽）入口连接处未设置快速切断阀（断开装置），或者流槽与模盘（分配流槽）入口连接处的液位监测报警装置未与快速切断阀（断开装置）、紧急排放阀联锁的；

（九）铝加工深井铸造工艺的倾动式浇铸炉流槽与模盘（分配流槽）入口连接处未设置快速切断阀（断开装置），或者流槽与模盘（分配流槽）入口连接处的液位监测报警装置未与浇铸炉倾动控制系统、快速切断阀（断开装置）联锁的；

（十）铝加工深井铸造机钢丝卷扬系统选用非钢芯钢丝绳，或者未落实钢丝绳定期检查、更换制度的；

（十一）可能发生一氧化碳、砷化氢、氯气、硫化氢等 4 种有毒气体泄漏、积聚的场所和部位未设置固定式气体浓度监测报警装置，或者监测数据未接入 24 小时有人值守场所，或者未对可能有砷化氢气体的场所和部位采取同等效果的检测措施的；

（十二）使用煤气（天然气）并强制送风的燃烧装置的燃气总管未设置压力监测报警装置，或者监测报警装置未与紧急自动切断装置联锁的；

（十三）正压煤气输配管线水封式排水器的最高封堵煤气压力小于 30 kPa，或者同一煤气管道隔断装置的两侧共用一个排水器，或者不同煤气管道排水器上部的排水管连通，或者不同介质的煤气管道共用一个排水器的。

第六条 建材企业有下列情形之一的，应当判定为重大事故隐患：

（一）煤磨袋式收尘器、煤粉仓未设置温度和固定式一氧化碳浓度监测报警装置，或者未设置气体灭火装置的；

（二）筒型储库人工清库作业未落实清库方案中防止高处坠落、坍塌等安全措施的；

（三）水泥企业电石渣原料筒型储库未设置固定式可燃气体浓度监测报警装置，或者监测报警装置未与事故通风装置联锁的；

（四）进入筒型储库、焙烧窑、预热器旋风筒、分解炉、竖炉、篦冷机、磨机、破碎机前，未对可能意外启动的设备和涌入的物料、高温气体、有毒有害气体等采取隔离措施，或者未落实防止高处坠落、坍塌等安全措施的；

（五）采用预混燃烧方式的燃气窑炉（热发生炉煤气窑炉除外）的燃气总管未设置管道压力监测报警装置，或者监测报警装置未与紧急自动切断装置联锁的；

（六）制氢站、氮氢保护气体配气间、燃气配气间等3类场所未设置固定式可燃气体浓度监测报警装置的；

（七）电熔制品电炉的水冷设备失效的；

（八）玻璃窑炉、玻璃锡槽等设备未设置水冷和风冷保护系统的监测报警装置的。

第七条 机械企业有下列情形之一的，应当判定为重大事故隐患：

（一）会议室、活动室、休息室、更衣室、交接班室等5类人员聚集场所设置在熔融金属吊运跨或者浇注跨的地坪区域内的；

（二）铸造用熔炼炉、精炼炉、保温炉未设置紧急排放和应急储存设施的；

（三）生产期间铸造用熔炼炉、精炼炉、保温炉的炉底、炉坑和事故坑，以及熔融金属泄漏、喷溅影响范围内的炉前平台、炉基区域、造型地坑、浇注作业坑和熔融金属转运通道等8类区域存在积水的；

（四）铸造用熔炼炉、精炼炉、压铸机、氧枪的冷却水系统未设置出水温度、进出水流量差监测报警装置，或者监测报警装置未与熔融金属加热、输送控制系统联锁的；

（五）使用煤气（天然气）的燃烧装置的燃气总管未设置管道压力监测报警装置，或者监测报警装置未与紧急自动切断装置联锁，或者燃烧装置未设置火焰监测和熄火保护系统的；

（六）使用可燃性有机溶剂清洗设备设施、工装器具、地面时，未采取防止可燃气体在周边密闭或者半密闭空间内积聚措施的；

（七）使用非水性漆的调漆间、喷漆室未设置固定式可燃气体浓度监测报警装置或者通风设施的。

第八条 轻工企业有下列情形之一的，应当判定为重大事故隐患：

（一）食品制造企业烘制、油炸设备未设置防过热自动切断装置的；

（二）白酒勾兑、灌装场所和酒库未设置固定式乙醇蒸气浓度监测报警装置，或者监测报警装置未与通风设施联锁的；

（三）纸浆制造、造纸企业使用蒸气、明火直接加热钢瓶汽化液氯的；

（四）日用玻璃、陶瓷制造企业采用预混燃烧方式的燃气窑炉（热发生炉煤气窑炉除外）的燃气总管未设置管道压力监测报警装置，或者监测报警装置未与紧急自动切断装置联锁的；

（五）日用玻璃制造企业玻璃窑炉的冷却保护系统未设置监测报警装置的；

（六）使用非水性漆的调漆间、喷漆室未设置固定式可燃气体浓度监测报警装置或者通风设施的；

（七）锂离子电池储存仓库未对故障电池采取有效物理隔离措施的。

第九条　纺织企业有下列情形之一的，应当判定为重大事故隐患：

（一）纱、线、织物加工的烧毛、开幅、烘干等热定型工艺的汽化室、燃气贮罐、储油罐、热媒炉，未与生产加工等人员聚集场所隔开或者单独设置的；

（二）保险粉、双氧水、次氯酸钠、亚氯酸钠、雕白粉（吊白块）与禁忌物料混合储存，或者保险粉储存场所未采取防水防潮措施的。

第十条　烟草企业有下列情形之一的，应当判定为重大事故隐患：

（一）熏蒸作业场所未配备磷化氢气体浓度监测报警仪器，或者未配备防毒面具，或者熏蒸杀虫作业前未确认无关人员全部撤离熏蒸作业场所的；

（二）使用液态二氧化碳制造膨胀烟丝的生产线和场所未设置固定式二氧化碳浓度监测报警装置，或者监测报警装置未与事故通风设施联锁的。

第十一条　存在粉尘爆炸危险的工贸企业有下列情形之一的，应当判定为重大事故隐患：

（一）粉尘爆炸危险场所设置在非框架结构的多层建（构）筑物内，或者粉尘爆炸危险场所内设有员工宿舍、会议室、办公室、休息室等人员聚集场所的；

（二）不同类别的可燃性粉尘、可燃性粉尘与可燃气体等易加剧爆炸危险的介质共用一套除尘系统，或者不同建（构）筑物、不同防火分区共用一套除尘系统、除尘系统互联互通的；

（三）干式除尘系统未采取泄爆、惰化、抑爆等任一种爆炸防控措施的；

（四）铝镁等金属粉尘除尘系统采用正压除尘方式，或者其他可燃性粉尘除尘系统采用正压吹送粉尘时，未采取火花探测消除等防范点燃源措施的；

（五）除尘系统采用重力沉降室除尘，或者采用干式巷道式构筑物作为除尘风道的；

（六）铝镁等金属粉尘、木质粉尘的干式除尘系统未设置锁气卸灰装置的；

（七）除尘器、收尘仓等划分为 20 区的粉尘爆炸危险场所电气设备不符合防爆要求的；

（八）粉碎、研磨、造粒等易产生机械点燃源的工艺设备前，未设置铁、石等杂物去除装置，或者木制品加工企业与砂光机连接的风管未设置火花探测消除装置的；

（九）遇湿自燃金属粉尘收集、堆放、储存场所未采取通风等防止氢气积聚措施，或者干式收集、堆放、储存场所未采取防水、防潮措施的；

（十）未落实粉尘清理制度，造成作业现场积尘严重的。

第十二条　使用液氨制冷的工贸企业有下列情形之一的，应当判定为重大事故隐患：

（一）包装、分割、产品整理场所的空调系统采用氨直接蒸发制冷的；

（二）快速冻结装置未设置在单独的作业间内，或者快速冻结装置作业间内作业人员数量超过 9 人的。

第十三条　存在硫化氢、一氧化碳等中毒风险的有限空间作业的工贸企业有下列情形之一的，应当判定为重大事故隐患：

（一）未对有限空间进行辨识、建立安全管理台账，并且未设置明显的安全警示标志的；

（二）未落实有限空间作业审批，或者未执行"先通风、再检测、后作业"要求，或者作业现场未设置监护人员的。

第十四条　本标准所列情形中直接关系生产安全的监控、报警、防护等设施、设备、装置，应当保证正常运行、使用，失效或者无效均判定为重大事故隐患。

第十五条　本标准自 2023 年 5 月 15 日起施行。《工贸行业重大生产安全事故隐患判定标准（2017 版）》（安监总管四〔2017〕129 号）同时废止。

重大火灾隐患判定方法

GB 35181—2017

1 范围

本标准规定了重大火灾隐患的术语和定义、判定原则和程序、判定方法、直接判定要素和综合判定要素等。

本标准适用于城乡消防安全布局、公共消防设施、在用工业与民用建筑（包括人民防空工程）及相关场所因违反消防法律法规、不符合消防技术标准而形成的重大火灾隐患的判定。

2 规范性引用文件

下列文件对于本文件的应用是必不可少的。凡是注日期的引用文件，仅注日期的版本适用于本文件。凡是不注日期的引用文件，其最新版本（包括所有的修改单）适用于本文件。

GB/T 5907（所有部分）　消防词汇

GB 8624　建筑材料及制品燃烧性能分级

GB 13690　化学品分类和危险性公示　通则

GB 25506　消防控制室通用技术要求

GB 50016　建筑设计防火规范

GB 50074　石油库设计规范

GB 50084　自动喷水灭火系统设计规范

GB 50116　火灾自动报警系统设计规范

GB 50156　汽车加油加气站设计与施工规范

GB 50222　建筑内部装修设计防火规范

GB 50974　消防给水及消火栓系统技术规范

GA 703 住宿与生产储存经营合用场所消防安全技术要求

3 术语和定义

GB/T 5907、GB 13690、GB 50016、GB 50074、GB 50084、GB 50116、GB 50156、GB 50222、GB 50974 界定的以及下列术语和定义适用于本文件。

3.1 重大火灾隐患 major fire potential

违反消防法律法规、不符合消防技术标准，可能导致火灾发生或火灾危害增大，并由此可能造成重大、特别重大火灾事故或严重社会影响的各类潜在不安全因素。

3.2 公共娱乐场所 place of public amusement

具有文化娱乐、健身休闲功能并向公众开放的室内场所，包括影剧院、录像厅、礼堂等演出、放映场所，舞厅、卡拉 OK 厅等歌舞娱乐场所，具有娱乐功能的夜总会、音乐茶座和餐饮场所，游艺、游乐场所，保龄球馆、旱冰场、桑拿浴室等营业性健身、休闲场所。

3.3 公众聚集场所 public gathering place

宾馆、饭店、商场、集贸市场、客运车站候车室、客运码头候船厅、民用机场航站楼、体育场馆、会堂以及公共娱乐场所等。

3.4 人员密集场所 assembly occupancy

公众聚集场所，医院的门诊楼、病房楼，学校的教学楼、图书馆、食堂和集体宿舍，养老院，福利院，托儿所，幼儿园，公共图书馆的阅览室，公共展览馆、博物馆的展示厅，劳动密集型企业的生产加工车间和员工集体宿舍，旅游、宗教活动场所等。

3.5 易燃易爆危险品场所 place of flammable and explosive material

生产、储存、经营易燃易爆危险品的厂房和装置、库房、储罐（区）、商店、专用车站和码头，可燃气体储存（储配）站、充装站、调压站、供应站，加油加气站等。

3.6 重要场所 important place

发生火灾可能造成重大社会、政治影响和经济损失的场所，如国家机关，城市供水、供电、供气和供暖的调度中心，广播、电视、邮政和电信建筑，大、中型发电厂（站）、110 kV 及以上的变配电站，省级及以上博物馆、档案馆及国家文物保护单位，重要科研单位中的关键建筑设施，城市地铁与重要的城市交通隧道等。

4 判定原则和程序

4.1 重大火灾隐患判定应坚持科学严谨、实事求是、客观公正的原则。

4.2 重大火灾隐患判定适用下列程序：

 a) 现场检查：组织进行现场检查，核实火灾隐患的具体情况，并获取相关影像和文字资料；

 b) 集体讨论：组织对火灾隐患进行集体讨论，做出结论性判定意见，参与人数不应少于 3 人；

 c) 专家技术论证：对于涉及复杂疑难的技术问题，按照本标准判定重大火灾隐患有困难的，应组织专家成立专家组进行技术论证，形成结论性判定意见。结论性判定意见应有三分之二以上的专家同意。

4.3 技术论证专家组应由当地政府有关行业主管部门、监督管理部门和相关消防技术专家组成，人数不应少于 7 人。

4.4 集体讨论或技术论证时，可以听取业主和管理、使用单位等利害关系人的意见。

5 判定方法

5.1 一般要求

5.1.1 重大火灾隐患判定应按照第 4 章规定的判定原则和程序实施，并根据实际情况选择直接判定方法或综合判定方法。

5.1.2 直接判定要素和综合判定要素均应为不能立即改正的火灾隐患要素。

5.1.3 下列情形不应判定为重大火灾隐患：

a) 依法进行了消防设计专家评审，并已采取相应技术措施的；

b) 单位、场所已停产停业或停止使用的；

c) 不足以导致重大、特别重大火灾事故或严重社会影响的。

5.2 直接判定

5.2.1 重大火灾隐患直接判定要素见第 6 章。

5.2.2 符合第 6 章任意一条直接判定要素的，应直接判定为重大火灾隐患。

5.2.3 不符合第 6 章任意一条直接判定要素的，应按 5.3 的规定进行综合判定。

5.3 综合判定

5.3.1 重大火灾隐患综合判定要素见第 7 章。

5.3.2 采用综合判定方法判定重大火灾隐患时，应按下列步骤进行：

a) 确定建筑或场所类别；

b) 确定该建筑或场所是否存在第 7 章规定的综合判定要素的情形和数量；

c) 按第 4 章规定的原则和程序，对照 5.3.3 进行重大火灾隐患综合判定；

d) 对照 5.1.3 排除不应判定为重大火灾隐患的情形。

5.3.3 符合下列条件应综合判定为重大火灾隐患：

a) 人员密集场所存在 7.3.1 ~ 7.3.9 和 7.5、7.9.3 规定的综合判定要素 3 条以上（含本数，下同）；

b) 易燃、易爆危险品场所存在 7.1.1 ~ 7.1.3、7.4.5 和 7.4.6 规定的综合判定要素 3 条以上；

c) 人员密集场所、易燃易爆危险品场所、重要场所存在第 7 章规定的任意综合判定要素 4 条以上；

d) 其他场所存在第 7 章规定的任意综合判定要素 6 条以上。

5.3.4 发现存在第 7 章以外的其他违反消防法律法规、不符合消防技术标准的情形，技术论证专家组可视情节轻重，结合 5.3.3 做出综合判定。

6 直接判定要素

6.1 生产、储存和装卸易燃易爆危险品的工厂、仓库和专用车站、码头、储罐区，未设置在城市的边缘或相对独立的安全地带。

6.2 生产、储存、经营易燃易爆危险品的场所与人员密集场所、居住场所设置在同一建筑物内，或与人员密集场所、居住场所的防火间距小于国家工程建设消防技术标准规定值的 75% 。

6.3 城市建成区内的加油站、天然气或液化石油气加气站、加油加气合建站的储量达到或超过 GB 50156 对一级站的规定。

6.4 甲、乙类生产场所和仓库设置在建筑的地下室或半地下室。

6.5 公共娱乐场所、商店、地下人员密集场所的安全出口数量不足或其总净宽度小于国家工程建设消防技术标准规定值的 80% 。

6.6 旅馆、公共娱乐场所、商店、地下人员密集场所未按国家工程建设消防技术标准的规定设置自动喷水灭火系统或火灾自动报警系统。

6.7 易燃可燃液体、可燃气体储罐（区）未按国家工程建设消防技术标准的规定设置固定灭火、冷却、可燃气体浓度报警、火灾报警设施。

6.8 在人员密集场所违反消防安全规定使用、储存或销售易燃易爆危险品。

6.9 托儿所、幼儿园的儿童用房以及老年人活动场所，所在楼层位置不符合国家工程建设消防技术标准的规定。

6.10 人员密集场所的居住场所采用彩钢夹芯板搭建，且彩钢夹芯板芯材的燃烧性能等级低于 GB 8624 规定的 A 级。

7 综合判定要素

7.1 总平面布置

7.1.1 未按国家工程建设消防技术标准的规定或城市消防规划的要求设置消防车道或消防车道被堵塞、占用。

7.1.2 建筑之间的既有防火间距被占用或小于国家工程建设消防技术标准的规定值的 80% ，明火和散发火花地点与易燃易爆生产厂房、装置设备之间的防火间距小于国家工程建设消防技术标准的规定值。

7.1.3 在厂房、库房、商场中设置员工宿舍，或是在居住等民用建筑中从事生产、储存、经营等活动，且不符合 GA 703 的规定。

7.1.4 地下车站的站厅乘客疏散区、站台及疏散通道内设置商业经营活动场所。

7.2 防火分隔

7.2.1 原有防火分区被改变并导致实际防火分区的建筑面积大于国家工程建设消防技术标准规定值的50%。

7.2.2 防火门、防火卷帘等防火分隔设施损坏的数量大于该防火分区相应防火分隔设施总数的50%。

7.2.3 丙、丁、戊类厂房内有火灾或爆炸危险的部位未采取防火分隔等防火防爆技术措施。

7.3 安全疏散设施及灭火救援条件

7.3.1 建筑内的避难走道、避难间、避难层的设置不符合国家工程建设消防技术标准的规定，或避难走道、避难间、避难层被占用。

7.3.2 人员密集场所内疏散楼梯间的设置形式不符合国家工程建设消防技术标准的规定。

7.3.3 除6.5规定外的其他场所或建筑物的安全出口数量或宽度不符合国家工程建设消防技术标准的规定，或既有安全出口被封堵。

7.3.4 按国家工程建设消防技术标准的规定，建筑物应设置独立的安全出口或疏散楼梯而未设置。

7.3.5 商店营业厅内的疏散距离大于国家工程建设消防技术标准规定值的125%。

7.3.6 高层建筑和地下建筑未按国家工程建设消防技术标准的规定设置疏散指示标志、应急照明，或所设置设施的损坏率大于标准规定要求设置数量的30%；其他建筑未按国家工程建设消防技术标准的规定设置疏散指示标志、应急照明，或所设置设施的损坏率大于标准规定要求设置数量的50%。

7.3.7 设有人员密集场所的高层建筑的封闭楼梯间或防烟楼梯间的门的损坏率超过其设置总数的20%，其他建筑的封闭楼梯间或防烟楼梯间的门的损坏率大于其设置总数的50%。

7.3.8 人员密集场所内疏散走道、疏散楼梯间、前室的室内装修材料的燃烧性能不符合GB 50222的规定。

7.3.9 人员密集场所的疏散走道、楼梯间、疏散门或安全出口设置栅栏、卷帘门。

7.3.10 人员密集场所的外窗被封堵或被广告牌等遮挡。

7.3.11 高层建筑的消防车道、救援场地设置不符合要求或被占用，影响火灾扑救。

7.3.12 消防电梯无法正常运行。

7.4 消防给水及灭火设施

7.4.1 未按国家工程建设消防技术标准的规定设置消防水源、储存泡沫液等灭火剂。

7.4.2 未按国家工程建设消防技术标准的规定设置室外消防给水系统，或已设置但不符合标准的规定或不能正常使用。

7.4.3 未按国家工程建设消防技术标准的规定设置室内消火栓系统，或已设置但不符合标准的规定或不能正常使用。

7.4.4 除旅馆、公共娱乐场所、商店、地下人员密集场所外，其他场所未按国家工程建设消防技术标准的规定设置自动喷水灭火系统。

7.4.5 未按国家工程建设消防技术标准的规定设置除自动喷水灭火系统外的其他固定灭火设施。

7.4.6 已设置的自动喷水灭火系统或其他固定灭火设施不能正常使用或运行。

7.5 防烟排烟设施

人员密集场所、高层建筑和地下建筑未按国家工程建设消防技术标准的规定设置防烟、排烟设施，或已设置但不能正常使用或运行。

7.6 消防供电

7.6.1 消防用电设备的供电负荷级别不符合国家工程建设消防技术标准的规定。

7.6.2 消防用电设备未按国家工程建设消防技术标准的规定采用专用的供电回路。

7.6.3 未按国家工程建设消防技术标准的规定设置消防用电设备末端自动切换装置，或已设置但不符合标准的规定或不能正常自动切换。

7.7 火灾自动报警系统

7.7.1 除旅馆、公共娱乐场所、商店、其他地下人员密集场所以外的其他场所未按国家工程建设消防技术标准的规定设置火灾自动报警系统。

7.7.2 火灾自动报警系统不能正常运行。

7.7.3 防烟排烟系统、消防水泵以及其他自动消防设施不能正常联动控制。

7.8 消防安全管理

7.8.1 社会单位未按消防法律法规要求设置专职消防队。

7.8.2 消防控制室操作人员未按 GB 25506 的规定持证上岗。

7.9 其他

7.9.1 生产、储存场所的建筑耐火等级与其生产、储存物品的火灾危险性类别不相匹配，违反国家工程建设消防技术标准的规定。

7.9.2 生产、储存、装卸和经营易燃易爆危险品的场所或有粉尘爆炸危险场所未按规定设置防爆电气设备和泄压设施，或防爆电气设备和泄压设施失效。

7.9.3 违反国家工程建设消防技术标准的规定使用燃油、燃气设备，或燃油、燃气管道敷设和紧急切断装置不符合标准规定。

7.9.4 违反国家工程建设消防技术标准的规定在可燃材料或可燃构件上直接敷设电气线路或安装电气设备，或采用不符合标准规定的消防配电线缆和其他供配电线缆。

7.9.5 违反国家工程建设消防技术标准的规定在人员密集场所使用易燃、可燃材料装修、装饰。

住房和城乡建设部关于印发《城镇燃气经营安全重大隐患判定标准》的通知

建城规〔2023〕4号

各省、自治区住房城乡建设厅，北京市、天津市城市管理委，上海市住房城乡建设管委，重庆市经济和信息化委，新疆生产建设兵团住房城乡建设局：

现将《城镇燃气经营安全重大隐患判定标准》印发给你们，请认真贯彻执行。

住房和城乡建设部
2023 年 9 月 21 日

城镇燃气经营安全重大隐患判定标准

第一条 为指导各地加强城镇燃气安全风险管控和隐患排查治理，防范重特大事故发生，切实保护人民群众生命财产安全，根据《中华人民共和国安全生产法》《中华人民共和国特种设备安全法》《城镇燃气管理条例》等法律法规及《燃气工程项目规范》等标准规范，制定本标准。

第二条 本标准所称重大隐患，是指燃气经营者在生产经营过程中，存在的危害程度较大、可能导致群死群伤或造成重大经济损失的隐患。

第三条 县级及以上地方人民政府城镇燃气管理部门在开展燃气安全监督管理工作中，可依照本标准识别、认定城镇燃气经营安全重大隐患，并依法依规督促燃气经营者落实隐患整改责任、及时消除隐患。

第四条 燃气经营者在安全生产管理中，有下列情形之一的，判定为重大隐患：

（一）未取得燃气经营许可证从事燃气经营活动；

（二）未建立安全风险分级管控制度；

（三）未建立事故隐患排查治理制度；

（四）未制定生产安全事故应急救援预案；

（五）未建立对燃气用户燃气设施的定期安全检查制度。

第五条　燃气经营者在燃气厂站安全管理中，有下列情形之一的，判定为重大隐患：

（一）燃气储罐未设置压力、罐容或液位显示等监测装置，或不具有超限报警功能；

（二）燃气厂站内设备和管道未设置防止系统压力参数超过限值的自动切断和放散装置；

（三）压缩天然气、液化天然气和液化石油气装卸系统未设置防止装卸用管拉脱的联锁保护装置；

（四）燃气厂站内设置在有爆炸危险环境的电气、仪表装置，不具有与该区域爆炸危险等级相对应的防爆性能；

（五）燃气厂站内可燃气体泄漏浓度可能达到爆炸下限 20% 的燃气设施区域内或建（构）筑物内，未设置固定式可燃气体浓度报警装置。

第六条　燃气经营者在燃气管道和调压设施安全管理中，有下列情形之一的，判定为重大隐患：

（一）在中压及以上地下燃气管线保护范围内，建有占压管线的建筑物、构筑物或者其他设施；

（二）除确需穿过且已采取有效防护措施外，输配管道在排水管（沟）、供水管渠、热力管沟、电缆沟、城市交通隧道、城市轨道交通隧道和地下人行通道等地下构筑物内敷设；

（三）调压装置未设置防止燃气出口压力超过下游压力允许值的安全保护措施。

第七条　燃气经营者在气瓶安全管理中，有下列情形之一的，判定为重大隐患：

（一）擅自为非自有气瓶充装燃气；

（二）销售未经许可的充装单位充装的瓶装燃气；

（三）销售充装单位擅自为非自有气瓶充装的瓶装燃气。

第八条　燃气经营者供应不具有标准要求警示性臭味燃气的，判定为重大隐患。

第九条 燃气经营者在对燃气用户进行安全检查时，发现有下列情形之一，不按规定采取书面告知用户整改等措施的，判定为重大隐患：

（一）燃气相对密度大于等于 0.75 的燃气管道、调压装置和燃具等设置在地下室、半地下室、地下箱体及其他密闭地下空间内；

（二）燃气引入管、立管、水平干管设置在卫生间内；

（三）燃气管道及附件、燃具设置在卧室、旅馆建筑客房等人员居住和休息的房间内；

（四）使用国家明令淘汰的燃气燃烧器具、连接管。

第十条 其他严重违反城镇燃气经营法律法规及标准规范，且存在危害程度较大、可能导致群死群伤或造成重大经济损失的现实危险，判定为重大隐患。

第十一条 本标准自发布之日起执行。

住房和城乡建设部关于印发《房屋市政工程生产安全重大事故隐患判定标准（2022版）》的通知

建质规〔2022〕2号

各省、自治区住房和城乡建设厅，直辖市住房和城乡建设（管）委，新疆生产建设兵团住房和城乡建设局，山东省交通运输厅：

现将《房屋市政工程生产安全重大事故隐患判定标准（2022版）》（以下简称《判定标准》）印发给你们，请认真贯彻执行。

各级住房和城乡建设主管部门要把重大风险隐患当成事故来对待，将《判定标准》作为监管执法的重要依据，督促工程建设各方依法落实重大事故隐患排查治理主体责任，准确判定、及时消除各类重大事故隐患。要严格落实重大事故隐患排查治理挂牌督办等制度，着力从根本上消除事故隐患，牢牢守住安全生产底线。

住房和城乡建设部

2022年4月19日

房屋市政工程生产安全重大事故隐患判定标准（2022版）

第一条 为准确认定、及时消除房屋建筑和市政基础设施工程生产安全重大事故隐患，有效防范和遏制群死群伤事故发生，根据《中华人民共和国建筑法》《中华人民共和国安全生产法》《建设工程安全生产管理条例》等法律和行政法规，制定本标准。

第二条　本标准所称重大事故隐患，是指在房屋建筑和市政基础设施工程（以下简称房屋市政工程）施工过程中，存在的危害程度较大、可能导致群死群伤或造成重大经济损失的生产安全事故隐患。

第三条　本标准适用于判定新建、扩建、改建、拆除房屋市政工程的生产安全重大事故隐患。

县级及以上人民政府住房和城乡建设主管部门和施工安全监督机构在监督检查过程中可依照本标准判定房屋市政工程生产安全重大事故隐患。

第四条　施工安全管理有下列情形之一的，应判定为重大事故隐患：

（一）建筑施工企业未取得安全生产许可证擅自从事建筑施工活动；

（二）施工单位的主要负责人、项目负责人、专职安全生产管理人员未取得安全生产考核合格证书从事相关工作；

（三）建筑施工特种作业人员未取得特种作业人员操作资格证书上岗作业；

（四）危险性较大的分部分项工程未编制、未审核专项施工方案，或未按规定组织专家对"超过一定规模的危险性较大的分部分项工程范围"的专项施工方案进行论证。

第五条　基坑工程有下列情形之一的，应判定为重大事故隐患：

（一）对因基坑工程施工可能造成损害的毗邻重要建筑物、构筑物和地下管线等，未采取专项防护措施；

（二）基坑土方超挖且未采取有效措施；

（三）深基坑施工未进行第三方监测；

（四）有下列基坑坍塌风险预兆之一，且未及时处理：

1. 支护结构或周边建筑物变形值超过设计变形控制值；

2. 基坑侧壁出现大量漏水、流土；

3. 基坑底部出现管涌；

4. 桩间土流失孔洞深度超过桩径。

第六条　模板工程有下列情形之一的，应判定为重大事故隐患：

（一）模板工程的地基基础承载力和变形不满足设计要求；

（二）模板支架承受的施工荷载超过设计值；

（三）模板支架拆除及滑模、爬模爬升时，混凝土强度未达到设计或规范要求。

第七条　脚手架工程有下列情形之一的，应判定为重大事故隐患：

（一）脚手架工程的地基基础承载力和变形不满足设计要求；

（二）未设置连墙件或连墙件整层缺失；

（三）附着式升降脚手架未经验收合格即投入使用；

（四）附着式升降脚手架的防倾覆、防坠落或同步升降控制装置不符合设计要求、失效、被人为拆除破坏；

（五）附着式升降脚手架使用过程中架体悬臂高度大于架体高度的 2/5 或大于 6 米。

第八条 起重机械及吊装工程有下列情形之一的，应判定为重大事故隐患：

（一）塔式起重机、施工升降机、物料提升机等起重机械设备未经验收合格即投入使用，或未按规定办理使用登记；

（二）塔式起重机独立起升高度、附着间距和最高附着以上的最大悬高及垂直度不符合规范要求；

（三）施工升降机附着间距和最高附着以上的最大悬高及垂直度不符合规范要求；

（四）起重机械安装、拆卸、顶升加节以及附着前未对结构件、顶升机构和附着装置以及高强度螺栓、销轴、定位板等连接件及安全装置进行检查；

（五）建筑起重机械的安全装置不齐全、失效或者被违规拆除、破坏；

（六）施工升降机防坠安全器超过定期检验有效期，标准节连接螺栓缺失或失效；

（七）建筑起重机械的地基基础承载力和变形不满足设计要求。

第九条 高处作业有下列情形之一的，应判定为重大事故隐患：

（一）钢结构、网架安装用支撑结构地基基础承载力和变形不满足设计要求，钢结构、网架安装用支撑结构未按设计要求设置防倾覆装置；

（二）单榀钢桁架（屋架）安装时未采取防失稳措施；

（三）悬挑式操作平台的搁置点、拉结点、支撑点未设置在稳定的主体结构上，且未做可靠连接。

第十条 施工临时用电方面，特殊作业环境（隧道、人防工程，高温、有导电灰尘、比较潮湿等作业环境）照明未按规定使用安全电压的，应判定为重大事故隐患。

第十一条 有限空间作业有下列情形之一的，应判定为重大事故隐患：

（一）有限空间作业未履行"作业审批制度"，未对施工人员进行专项安全教育培训，未执行"先通风、再检测、后作业"原则；

（二）有限空间作业时现场未有专人负责监护工作。

第十二条　拆除工程方面，拆除施工作业顺序不符合规范和施工方案要求的，应判定为重大事故隐患。

第十三条　暗挖工程有下列情形之一的，应判定为重大事故隐患：

（一）作业面带水施工未采取相关措施，或地下水控制措施失效且继续施工；

（二）施工时出现涌水、涌沙、局部坍塌，支护结构扭曲变形或出现裂缝，且有不断增大趋势，未及时采取措施。

第十四条　使用危害程度较大、可能导致群死群伤或造成重大经济损失的施工工艺、设备和材料，应判定为重大事故隐患。

第十五条　其他严重违反房屋市政工程安全生产法律法规、部门规章及强制性标准，且存在危害程度较大、可能导致群死群伤或造成重大经济损失的现实危险，应判定为重大事故隐患。

第十六条　本标准自发布之日起执行。

住房和城乡建设部办公厅关于印发
《自建房结构安全排查技术要点(暂行)》
的 通 知

各省(自治区、直辖市)住房和城乡建设厅(委、管委),新疆生产建设兵团住房和城乡建设局:

根据全国自建房安全专项整治工作需要,我部组织编制了《自建房结构安全排查技术要点(暂行)》,现印发给你们,请结合本地区实际参照执行。执行中如有问题和建议,请及时反馈住房和城乡建设部专项整治专家组。

住房和城乡建设部办公厅
2022 年 6 月 2 日

自建房结构安全排查技术要点 (暂行)

第一章 总 则

第一条 为指导各地做好城乡居民自建房安全专项整治工作,遏制重特大事故发生,切实保护人民群众生命财产安全,及时满足整治工作需要,特制定本要点。

第二条 本要点适用于城乡居民自建房结构安全隐患排查。

第三条 自建房安全隐患初步判定结论分为三级:存在严重安全隐患、存在一定安全隐患、未发现安全隐患。

(一)**存在严重安全隐患:**房屋地基基础不稳定,出现明显不均匀沉降,或承重构件存在明显损伤、裂缝或变形,随时可能丧失稳定和承载能力,结构已损坏，存在倒塌风险。

（二）存在一定安全隐患：房屋地基基础无明显不均匀沉降，个别承重构件出现损伤、裂缝或变形，不能完全满足安全使用要求。

（三）未发现安全隐患：房屋地基基础稳定，无不均匀沉降，梁、板、柱、墙等主要承重结构构件无明显受力裂缝和变形，连接可靠，承重结构安全，基本满足安全使用要求。

第四条 自建房安全隐患初步判定结论应依据本要点在产权人自查和现场排查的基础上作出。

第五条 不同安全隐患等级的自建房应分类处置。

（一）存在严重安全隐患的自建房，应立即停用并疏散房屋内和周边群众，封闭处置，现场排险。如需继续使用，应委托专业技术机构进行安全鉴定，依据鉴定结论采取相应处理措施。

（二）存在一定安全隐患的自建房，应限制用途，并委托专业技术机构进行安全鉴定，依据鉴定结论采取相应处理措施。

（三）未发现安全隐患的自建房，可继续正常使用，同时定期进行安全检查与维护。

第六条 初步判定结论不能替代房屋安全鉴定。

第七条 经营性自建房安全隐患应由专业技术人员进行排查。

第八条 排查人员在现场排查时应做好自身安全防护。

第九条 各地可在本要点基础上制定本地排查技术细则，应包括但不限于本要点所列各类结构类型和安全隐患情形。

第二章　基　本　要　求

第十条 房屋结构安全排查内容包括地基基础安全和上部结构安全。地基基础安全重点排查是否存在不均匀沉降、不稳定等情况；上部结构安全重点排查承重构件及其连接是否可靠；结构构件与房屋整体是否存在"歪、裂、扭、斜"等现象。

第十一条 排查人员应向产权人（使用人）了解房屋建造、改造、装修和使用情况。如，房屋使用期间是否发生过改变功能、增加楼层、增设夹层、增加隔墙、减柱减墙、建筑外扩、是否改变房屋主体结构等改扩建行为。

第十二条 房屋结构安全排查以目视检查为主，按照先整体后构件的顺序进行。比照承重结构构件截面常规尺寸，对梁、板、柱、墙进行排查。对于存在损伤和变形的，可辅助以裂缝对比卡、重垂线等工具进行。

第三章　地基基础安全排查

第十三条　房屋地基基础存在以下情形之一时，应初步判定为存在严重安全隐患：

（一）房屋地基出现局部或整体沉陷；

（二）上部结构砌体墙部分出现宽度大于 10 mm 的沉降裂缝，或单道墙体产生多条平行的竖向裂缝、其中最大裂缝宽度大于 5 mm；预制构件之间的连接部位出现宽度大于 3 mm 的不均匀沉降裂缝；

（三）混凝土梁产生宽度超过 0.4 mm 的斜裂缝，或梁柱节点出现宽度超过 0.5 mm 的裂缝，或钢筋混凝土墙出现竖向裂缝；

（四）地基不稳定产生滑移，水平位移量大于 10 mm，且对上部结构有显著影响或有继续滑动迹象。

第十四条　房屋地基基础存在以下情形之一时，应初步判定为存在一定安全隐患：

（一）房屋地基基础有不均匀沉降，且造成房屋上部结构构件裂缝，但其宽度未达到第十三条第（二）、（三）款的限值；

（二）因地基变形引起单层和两层房屋整体倾斜率超过3%，三层及以上房屋整体倾斜率超过2%；

（三）因基础老化、腐蚀、酥碎、折断导致上部结构出现明显倾斜、位移、裂缝；

（四）地基不稳定产生滑移，水平位移量不大于 10 mm，但对上部结构造成影响；

（五）基础基底局部被架空等可能引起房屋坍塌的其他情形。

第四章　上部结构安全排查

第十五条　砌体结构房屋存在以下情形之一时，应初步判定为存在严重安全隐患：

（一）承重墙出现竖向受压裂缝，缝宽大于 1 mm、缝长超过层高1/2，或出现缝长超过层高 1/3 的多条竖向裂缝；

（二）支承梁或屋架端部的墙体或柱在支座部位出现多条因局部受压裂缝，或裂缝宽度已超过 1 mm；

（三）承重墙或砖柱出现表面风化、剥落、砂浆粉化等现象，有效截面削弱达 15% 以上；

（四）承重墙、柱已经产生明显倾斜；

（五）纵横承重墙体连接处出现通长竖向裂缝。

第十六条 混凝土结构房屋存在以下情形之一时，应初步判定为存在严重安全隐患：

（一）梁、板下挠，且受拉区的裂缝宽度大于 1 mm；

（二）梁跨中或中间支座受拉区产生竖向裂缝，裂缝延伸达梁高的 2/3 以上且缝宽大于 1 mm，或在支座附近出现剪切斜裂缝；

（三）混凝土梁、板出现宽度大于 1 mm 非受力裂缝的情形；

（四）主要承重柱产生明显倾斜，混凝土质量差，出现蜂窝、露筋、裂缝、孔洞、烂根、疏松、外形缺陷、外表缺陷；

（五）屋架的支撑系统失效，屋架平面外倾斜。

第十七条 钢结构房屋存在以下情形之一时，应初步判定为存在严重安全隐患：

（一）构件或连接件有裂缝或锐角切口；焊缝、螺栓或铆接有拉开、变形、滑移、松动、剪坏等严重损坏；

（二）连接方式不当，构造有严重缺陷；

（三）受力构件因锈蚀导致截面锈损量大于原截面的 10%；

（四）屋架下挠，檩条下挠，导致屋架倾斜。

第十八条 木结构房屋存在以下情形之一时，应初步判定为存在严重安全隐患：

（一）连接节点松动变形、滑移、沿剪切面开裂、剪坏，或连接铁件严重锈蚀、松动致使连接失效等损坏；

（二）主梁下挠，或伴有较严重的材质缺陷；

（三）屋架下挠，或顶部、端部节点产生腐朽或劈裂；

（四）木柱侧弯变形，或柱顶劈裂、柱身断裂、柱脚腐朽等受损面积大于原截面 20% 以上。

第十九条 砌体结构房屋存在以下情形之一时，应初步判定为存在一定安全隐患：

（一）承重墙厚度小于 180 mm；

（二）承重墙或砖柱因偏心受压产生水平裂缝；

（三）承重墙或砖柱出现侧向变形现象，或出现因侧向受力产生水平裂缝；

（四）门窗洞口上砖过梁产生裂缝或下挠变形；

（五）砖筒拱、扁壳、波形筒拱的拱顶沿纵向产生裂缝，或拱曲面变形，或拱脚位移，或拱体拉杆锈蚀严重，或拉杆体系失效等；

（六）建筑高度与面宽宽度的比值超过 2.5；

（七）房屋面宽和进深比例小于 1：3，主要采用纵向承重墙承重，缺乏横向承重墙；

（八）房屋底层大空间，且未采用局部框架结构，上部小空间，且采用自重较重的砌筑墙体分隔；

（九）建筑层数达到 3 层以上，采用空斗砖墙承重，且未设置圈梁和构造柱；

（十）采用预制板作为楼屋面，未设置圈梁，未采取有效的搭接措施；

（十一）承重砌体墙根部风化剥落，厚度不超过墙体厚度 1/3 的情形。

第二十条 混凝土结构房屋存在以下情形之一时，应初步判定为存在一定安全隐患：

（一）柱、梁、板、墙的混凝土保护层因钢筋锈蚀而严重脱落、露筋；

（二）预应力板产生竖向通长裂缝，或端部混凝土酥松露筋，或预制板底部出现横向裂缝或下挠变形；

（三）现浇板面周边产生裂缝，或板底产生交叉裂缝；

（四）柱因受压产生竖向裂缝、保护层剥落，或一侧产生水平裂缝，另一侧混凝土被压碎；

（五）混凝土墙中部产生斜裂缝；

（六）屋架产生下挠，且下弦产生横断裂缝；

（七）悬挑构件下挠变形，或支座部位出现裂缝；

（八）混凝土梁板出现宽度 1 mm 以下非受力裂缝的情形；

（九）承重混凝土构件（柱、梁、板、墙）表面有轻微剥蚀、开裂、钢筋锈蚀的现象，或混凝土构件施工质量较差、蜂窝麻面较多、但受力钢筋没有外露等。

第二十一条 钢结构房屋存在以下情形之一时，应初步判定为存在一定安全隐患：

（一）梁、板下挠；

（二）实腹梁侧弯变形且有发展迹象；

（三）梁、柱等位移或变形较大；

（四）钢结构构件（柱、梁、屋架等）有多处轻微锈蚀现象。

第二十二条 木结构房屋存在以下情形之一时，应初步判定为存在一定安全隐患：

（一）檩条、龙骨下挠，或入墙部位腐朽、虫蛀；

（二）木构件存在心腐缺陷；

（三）受压或受弯木构件干缩裂缝深度超过构件截面尺寸的1/2，且裂缝长度超过构件长度的2/3。

第五章 其 他

第二十三条 改变使用功能的城乡居民自建房，存在以下情形之一时，应初步判定为存在严重安全隐患：

（一）将原居住功能的城乡居民自建房改变为经营性人员密集场所，如培训教室、影院、KTV、具有娱乐功能的餐馆等，且不能提供有效技术文件的；

（二）改变使用功能后，导致楼（屋）面使用荷载大幅增加危及房屋安全的情形。

第二十四条 改变使用功能的城乡居民自建房，存在以下情形之一时，应初步判定为存在一定安全隐患：

（一）将原居住功能的城乡居民自建房改变为人员密集场所以外的其他经营场所；

（二）改变使用功能但楼（屋）面使用荷载没有大幅增加的情形。

第二十五条 改扩建的城乡居民自建房，存在以下情形之一时，应初步判定为存在严重安全隐患：

（一）擅自拆改主体承重结构、更改承重墙体洞口尺寸及位置、加层（含夹层）、扩建、开挖地下空间等，且出现明显开裂、变形；

（二）在原楼（屋）面上擅自增设非轻质墙体、堆载或其他原因导致楼（屋）面梁板出现明显开裂、变形；

（三）在原楼（屋）面新增的架空层与原结构缺乏可靠连接。

第二十六条　改扩建的城乡居民自建房，存在以下情形之一时，应初步判定为存在一定安全隐患：

（一）在原楼面上增设轻质隔墙；

（二）擅自拆改主体承重结构、更改承重墙体洞口尺寸及位置、加层（含夹层）、扩建、开挖地下空间等，但未见明显开裂、变形时；

（三）屋面增设堆载或其他原因使屋面荷载增加较大但未见明显开裂和变形时。

第二十七条　按本要点尚不能判定为严重安全隐患或一定安全隐患，但排查中发现结构存在异常情况的，可初步判定为存在一定安全隐患。

第二十八条　经排查判定不存在严重安全隐患和一定安全隐患情形的，可初步判定为未发现安全隐患。

公路水运工程施工安全治理能力
提升行动方案的通知

交办安监函〔2023〕698 号

各省、自治区、直辖市、新疆生产建设兵团交通运输厅（局、委），长江航务管理局：

经交通运输部同意，现将《公路水运工程施工安全治理能力提升行动方案》印发给你们，请认真组织实施。

交通运输部办公厅
2023 年 5 月 24 日

公路水运工程施工安全治理能力
提 升 行 动 方 案

为提升公路水运工程建设安全管理水平，有效防范和遏制生产安全事故，根据《国务院安全生产委员会关于印发〈全国重大事故隐患专项排查整治 2023 行动总体方案〉的通知》及 2023 年交通运输安全生产有关工作要求，决定在公路水运工程建设领域开展为期两年的工程施工安全治理能力提升行动（以下简称"提升行动"），特制订本方案。

一、总体要求

以习近平新时代中国特色社会主义思想为指导，全面贯彻党的二十大精神，认真落实习近平总书记有关交通运输和安全生产工作的重要指示精神，坚持人民至上、生命至上，坚持安全第一、预防为主，坚持统筹发展和安全，不断夯实公路水运工程建设安全生产工作基础，推动工程建设领域安全生产治理模式向事前预防转型，强化安全生产责任落实，提升工程建设安全治理能力，深入推进平安工地建设全覆盖，坚决遏制重特大安全事故发生，切实防范和降低安全事故，为加快建设交通强国提供坚实的安全保障。

二、重点任务

（一）提升工程建设安全监管效能。

1. 加强安全监管履职尽责能力。各地交通运输主管部门要严格依法履行工程建设领域行业监管职责，落实《交通运输部关于加强公路水运工程建设质量安全监督管理工作的意见》（交安监规〔2022〕7号）相关监管工作要求。结合实际完善工作制度和措施，推动省市县三级监督执法队伍建设，配强监督执法专业人员及执法装备，提升监督执法人员素质，落实工程监督执法职责。创新省市县联合监督执法机制，实现工程项目监管全覆盖。

2. 强化工程现场监督执法能力。各地交通运输主管部门要采取"四不两直"、明察暗访等方式，加强工程现场监督执法力度，整治监督执法工作"宽松软虚"问题。推行"互联网＋监管"工作模式，推进综合监管平台集成应用，提升监管工作信息化水平。通过调度提醒、专项督导、监督检查、重点约谈、挂牌督办、行政处罚等方式，加大红线问题治理力度。强化对参建单位项目负责人和相关管理人员在岗履职情况监督检查，加大对施工单位项目负责人、专职安全生产管理人员等安全生产有关的资格证件查验力度。在工程项目明显位置公开监督执法机构电话，接受安全生产举报，依法查处违法违规行为，对典型执法案例依法予以公开曝光。

3. 提高重大事故隐患排查整治能力。各地交通运输主管部门要严格落实国务院安委会及我部有关重大事故隐患专项排查整治行动方案要求，结合本地区工程建设实际，根据重大事故隐患基础清单（见附件1和附件2），制定本地区重大事故隐患基础清单并动态更新。要对监督执法人员开展安全生产专题培训，重点学习重大事故隐患判定与执法检查相关内容。对工程项目开展重大事故隐患排查整治工作进行监督检查，对发现的重大事故隐患要紧盯不放，督促参建单位坚决整改落实到位。

4. 提升安全事故警示处置能力。各地交通运输主管部门要督促建设单位、施工单位项目负责人落实安全事故（险情）信息报送职责，提高信息报送的及时性、准确性，严肃查处瞒报谎报迟报漏报等行为。事故结案后，建设单位督促施工单位向交通运输主管部门提供事故调查报告或认定结论，对事故（险情）性质予以确认或销号。针对突出问题，组织开展安全生产事故教训汲取、举一反三、系统排查工作，按照"四不放过"原则督促相关单位落实整改。

（二）提升工程安全管理能力。

1. 加强安全管理规范化。建设单位要将"零死亡"作为工程项目安全管理基本目标，纳入招（投）标文件、合同、施工组织设计等文件。参建单位要完善工程建设安全管理制度及操作规程，严格执行危险性较大工程专项施工方案审批论证制度，加强施工安全内业资料管理，规范安全生产经费使用。施工单位要将专业分包单位和劳务分包队伍纳入管理体系统一管理，强化劳务用工人员实名制管理和安全培训，将安全管理作为加强施工班组规范化建设的主要内容。

2. 推动现场管理网格化。建设单位要完善工程项目安全生产管理体系，推行工程现场网格化安全管理模式，推动参建单位压实全员安全生产责任制。施工单位要将工程现场按照作业面分解为若干单元网格，明确单元网格管理员及岗位职责，配合现场施工负责人及专职安全管理人员落实重大事故隐患排查整治要求，发现安全问题，纠正违章行为。

3. 推进风险管控动态化。工程项目参建单位要健全风险管控责任体系，按要求开展施工安全风险评估，制定落实风险分级管控工作制度，确定管控人员和措施。施工单位要强化风险动态管理，及时调整重大风险清单和管控措施。重点加强长大桥隧、高边坡、深基坑等的风险管控，加大工程实际地质与勘察设计不符的风险排查力度，对存在重大风险的工程部位、作业环节、周边环境应当加强风险监测预警，强化安全管理防控措施。

4. 推进事故隐患清单化。建设单位要组织参建单位制定项目重大事故隐患清单，组织参建单位管理人员每年至少开展一次专题培训，严格落实重大事故隐患排查整治工作要求。施工单位、监理单位要将项目重大事故隐患清单纳入工作人员岗前教育培训，组织全员对标对表开展事故隐患自查自改。采取针对性措施防范事故隐患叠加，降低安全事故发生概率。发现重大事故隐患的，应立即停止相关作业并及时整治。需要一定时间整改的，项目建设单位和施工单位项目负责人应按规定向行业监管部门报告。施工单位要建立重大事故隐患整治台账，明确责任人、措施、资金、期限和应急预案，实行闭环管理。

5. 推进工程防护标准化。施工单位要对安全防护设施进行定型化设计、规范化使用、精细化管理，提高防护设施的可靠性，规范设置现场防护设施，加强检查验收，及时做好维护，确保安全防护有效，所需费用按规定列入安全生产费用予以保障。在高墩塔柱临时作业平台、落差 2 m 以上结构物边沿、深基坑、孔洞等重点部位应采用标准化防护设施。

（三）深入推进平安工地建设全覆盖。

各地交通运输主管部门、项目参建单位要总结平安工地建设的管理经验，将全面推进平安工地建设作为安全生产治理模式向事前预防转型的重要载体，加强平安工地建设监督指导，以项目平安工地建设巩固安全治理能力提升效果。

1. 二级及以上公路和大中型水运工程项目应深化开展平安工地建设工作。制定平安工地建设实施方案，按照平安工地建设标准开展自查自纠，落实安全生产条件，创新安全管理理念，推广应用先进技术与设备，保障工程建设安全。积极参与平安工程创建示范活动，努力争创平安工程。

2. 二级以下公路和小型水运工程项目应全面开展平安工地建设工作。参照平安工地建设标准，结合本工程实际制定平安工地建设工作手册，进行平安工地建设自评价。开工前核查安全生产条件，按规定配备安全管理人员，保障安全生产费用投入，加强现场安全防护，提高施工安全管理水平。

三、工作安排

提升行动自 2023 年 5 月起至 2024 年 12 月止。各有关部门与参建单位要按照工作安排，压茬推进各重点任务。

（一）自查自改。工程项目建设单位要组织本项目开展提升行动，结合实际明确各项工作要求，全面开展自查自纠与整治提升，围绕安全管理规范化、现场管理网格化、风险管控动态化、事故隐患清单化、工程防护标准化，切实提升工程项目安全管理能力水平。

（二）监督检查。各地交通运输主管部门应落实方案要求，加强安全监管责任落实、加大监督执法力度、深化重大事故隐患排查整治、强化安全事故警示处置，全面提升安全监管效能。对本辖区提升行动开展情况进行监督检查和精准帮扶，深入推进平安工地建设全覆盖。部将适时对各地提升行动开展情况进行重点督查。

（三）总结巩固。省级交通运输主管部门应结合本次提升行动系统梳理好经验、好做法，不断完善安全制度措施，健全长效工作机制。本地区阶段性总结应于每年 11 月 15 日前报部。

四、工作要求

各地交通运输主管部门要加强组织领导，明确责任部门和人员、细化责任分工。加大提升行动检查力度，确保提升行动得到有效落实。要在项目安排计划、信用评价、评奖评优等方面对开展提升行动成绩突出的相关市县和项目参建单位给予激励，对落实提升行动工作突出的个人予以表扬，对发生生产安全事故的地区和项目参建单位予以通报。要积极宣传提升行动开展情况，总结推广好经验、好做法。不断提升公路水运工程建设领域安全治理能力，打造更多"零死亡"工程项目，保障工程建设领域安全生产持续向好发展。

附件：
1. 公路工程建设项目施工安全重大事故隐患基础清单（试用）
2. 水运工程建设项目施工安全重大事故隐患基础清单（试用）

附件1

公路工程建设项目施工安全重大事故隐患基础清单（试用）

工程类别	施工环节	隐患编号	隐 患 内 容	易引发事故类型
基础管理	方案管理	GJ－001	未按规定编制或未按程序审批危险性较大工程专项施工方案；超过一定规模的危险性较大工程的专项施工方案未组织专家论证、审查；未按照专项施工方案组织施工；不配备应急救援队伍，不开展应急演练。	坍塌等
辅助施工	施工驻地及场站建设（含临时设施搭设）	GF－001	在大型设备设施倾覆影响范围内设置办公区、生活区；临时驻地或场站建设不符合规范要求设置在危险区域。	坍塌、起重伤害
		GF－002	生活区、办公区等人员密集场所与集中爆破区、易燃易爆物、危化品库、高压电力线的安全距离不足。	火灾、爆炸

工程类别	施工环节	隐患编号	隐患内容	易引发事故类型
辅助施工	施工驻地及场站建设（含临时设施搭设）	GF-003	生活、办公用房、易燃易爆危险品库等重点部位消防安全距离不符合要求且未采取有效防护措施；生活、办公用房、易燃易爆危险品库等建筑构件的燃烧性能等级未达到 A 级，不符合 GB 8624 和 GB/T 23932 要求。	火灾、爆炸
	钢围堰施工	GF-004	未定期开展围堰监测监控，工况发生变化时未及时采取有效的管控措施；碰撞、随意拆除、擅自削弱围堰内部支撑杆件或在其上堆放重物，碰撞造成杆件变形等缺陷未时修复；水上钢围堰未科学设置船舶驻泊位置随意驻泊施工船舶，无船舶防撞措施；未进行焊缝检验及水密试验。	坍塌、淹溺
通用作业	模板工程	GT-001	爬模、翻模施工脱模或混凝土承重模板拆除时，混凝土强度未达到设计或规范要求；拆除顺序未按施工方案要求进行；模板支架承受的施工荷载超过设计值；预埋件和锚固点未按设计或方案布置、数量不足；紧固螺栓安装数量不足，材质不符合要求或紧固次数超过产品使用要求。	坍塌
	支架作业	GT-002	支架的地基或基础未按要求处理；支架未按要求预压、验收；支架搭设使用明令淘汰的钢管材料，无产品合格证、未经检验或检验不合格的管材、构件。	坍塌
	作业平台	GT-003	墩柱及盖（系）梁施工、跨越式支架搭设、围堰拼装、设备安装等高处作业和水上作业施工未按要求设置作业平台或使用登高设备；高处作业平台未按要求设置平台上下通道；作业平台未按规定进行设计验算，或超载使用。	坍塌、高处坠落
	设备设施作业和特种作业	GT-004	使用未经检验或验收不合格的起重机械，未按要求安装、拆除起重设备，使用汽车吊、塔吊等起重机械吊运人员；隧道场内运输车辆未年检，人货混装；隧道场内特种作业人员无证上岗，违规动火作业，无专人监护。	起重伤害、车辆伤害、火灾
	爆破作业	GT-005	路基爆破作业未设置警戒区；隧道内存放、加工、销毁民用爆炸物品；使用非专用车辆运输民用爆炸物品或人药混装运输；在爆破 15 分钟后，未检查盲炮立即施工的。	火灾，爆炸
	改扩建工程	GT-006	未按施工区交通组织方案实施。	车辆伤害、物体打击、坍塌

工程类别	施工环节	隐患编号	隐患内容	易引发事故类型
路基工程	高边坡施工	GL–001	含岩堆、松散岩石或滑坡地段的高边坡开挖、排险、防护措施不足；未按照自上而下的顺序逐级开挖、逐级防护；未有效开展边坡稳定性监测；靠近交通要道作业时不设置隔离防护、警示标志等措施。	坍塌
桥梁工程	深基坑施工	GQ–001	深基坑未按要求逐级开挖逐级支护；未按要求进行降（排）水、放坡；未按要求开展变形监测，出现大量渗水、流土、管涌等情况未及时处理。	坍塌
	大型沉井下沉	GQ–002	邻近建（构）筑物、地下管线、沉井箱体未监测或监测出现异常并超过预警值；未按既定开挖范围和深度进行开挖；不排水下沉时沉井内水头高度不按要求控制；水中沉井初沉未考虑水流对河床冲刷影响。	
	移动模架施工	GQ–003	移动模架支撑系统未按设计或方案施工造成承载能力不足；移动模架拼装完毕或过孔后未进行验收；浇筑前未按要求进行预压或预压不合格即使用。	
	架桥机施工	GQ–004	架桥机经过改装等情形，但未按规定检测；架桥机未调平即开展架梁作业；横坡、高差、梁重等架梁工况超或濒临架桥机允许值；在道路、航道上方进行梁板安装或架桥机移动过孔期间，未采取临时管控措施。	
	挂篮施工	GQ–005	两端悬臂上荷载的实际不平衡偏差超过设计规定值或梁段重的1/4；挂篮拼装后未预压、锚固不规范；混凝土强度、弹性模量等未达到要求或恶劣天气时移动挂篮。	
隧道工程	洞内施工	GS–001	未按规范或方案要求开展超前地质预报；未监控围岩变形和有毒有害气体，浓度超标时施工作业。	坍塌、突水涌泥
		GS–002	勘察设计与实际地质条件不符，没有进行动态设计；未按规范或方案要求开挖支护；地质条件改变，隧道开挖方法与围岩不适应。	
		GS–003	仰拱一次开挖长度不符合方案要求；仰拱与掌子面的距离、二次衬砌与掌子面的距离不符合设计、标准规范或专项论证要求；仰拱未及时封闭成环。	

工程 类别	施工 环节	隐患 编号	隐 患 内 容	易引发 事故类型
隧道工程	盾构隧道	GS－004	盾构盾尾密封失效；盾构未按规定带压开仓检查换刀。	坍塌、突水 涌泥
	瓦斯隧道 施工	GS－005	瓦斯检测与防爆设施不符合方案要求，未根据瓦斯等 级要求采用防爆供配电系统和设备；爆破作业未按规 定采用煤矿许用炸药和雷管；高瓦斯隧道或瓦斯突出 隧道未按设计或方案进行揭煤防突、设置风电闭锁和 甲烷电闭锁设施；工区任意位置瓦斯浓度超过设计规 定限值。	瓦斯爆炸
注：其他严重违反公路工程施工安全生产法律法规、部门规章及强制性标准，且存在危害程度较 　　大、可能导致群死群伤或造成重大经济损失的现实危险，应判定为重大事故隐患。				

附件2

水运工程建设项目施工安全重大事故隐患
基础清单（试用）

工程 类别	施工 环节	隐患 编号	隐 患 内 容	易引发 事故类型
基础管理	方案管理	SJ－001	未按规定编制或未按程序审批危险性较大工程专项施 工方案；超过一定规模的危险性较大工程的专项施工 方案未组织专家论证、审查；不配备应急救援队伍， 不开展应急演练。	各类事故
辅助施工	施工驻地 及场站建 设（含临 时设施搭 设）	SF－001	在大型设备设施倾覆影响范围内设置办公区、生活区； 临时驻地或场站建设不符合规范要求设置在危险区域。	坍塌、倾覆
		SF－002	生活区、办公区等人员密集场所与集中爆破区、易燃 易爆物、危化品库、高压电力线的安全距离不足。	火灾、爆炸
		SF－003	生活、办公用房、易燃易爆危险品库等重点部位消防 安全距离不符合要求且未采取有效防护措施；生活、 办公用房、易燃易爆危险品库等建筑构件的燃烧性能等 级未达到A级，不符合GB 8624和GB/T 23932要求。	火灾、爆炸

工程类别	施工环节	隐患编号	隐 患 内 容	易引发事故类型
辅助施工	围堰施工	SF－004	未定期开展围堰监测监控，工况发生变化时未及时采取有效的管控措施；碰撞、随意拆除、擅自削弱围堰内部支撑杆件或在其上堆放重物，碰撞造成杆件变形等缺陷未及时修复。	坍塌、淹溺
通用作业	支架作业	ST－001	支架的地基或基础未按要求处理；支架未按要求预压、验收；支架搭设使用明令淘汰的钢管材料，无产品合格证、未经检验或检验不合格的管材、构件。	坍塌
	模板作业	ST－002	未按规范或方案要求安装或拆除沉箱、胸墙、闸墙等处的模板。	坍塌
	特种设备和特种作业	ST－003	使用未经检验或验收不合格的起重机械；特种作业人员无证上岗。	起重伤害
	施工船舶作业	ST－004	运输船舶无配载图，超航区运输，上下船设施不安全稳固；工程船舶防台防汛防突风无应急预案，或救生设施、应急拖轮等配备不足；工程船舶改造、船舶与陆用设备组合作业未按规定验算船舶稳定性和结构强度等。	淹溺
码头工程	水下爆夯	SM－001	爆破器材无公安机关核定的准用手续，无领用退库等台账资料。	爆炸
	沉箱出运	SM－002	沉箱浮运未验算稳定性；沉箱安装前，助浮使用的起重机吊力未复核。	淹溺
	深基坑施工	SM－003	深基坑未按要求逐级开挖逐级支护；未按要求进行降（排）水、放坡；未按要求开展变形监测，出现大量渗水、流土、管涌等情况未及时处理。	坍塌
航道整治、防波堤及护岸工程	铺排施工	SH－001	人员站立于正在溜放的软体排上方。	淹溺
注：其他严重违反水运工程施工安全生产法律法规、部门规章及强制性标准，且存在危害程度较大、可能导致群死群伤或造成重大经济损失的现实危险，应判定为重大事故隐患。				

交通运输部办公厅关于印发《道路运输企业和城市客运企业安全生产重大事故隐患判定标准（试行）》的通知

交办运〔2023〕52 号

各省、自治区、直辖市、新疆生产建设兵团交通运输厅（局、委）：

为指导各地科学判定、及时消除道路运输企业和城市客运企业安全生产重大事故隐患，根据《中华人民共和国安全生产法》《中华人民共和国道路交通安全法》《中华人民共和国道路运输条例》等法律法规，我部组织编制了《道路运输企业和城市客运企业安全生产重大事故隐患判定标准（试行）》，现印发给你们，请认真贯彻执行。

交通运输部办公厅

2023 年 9 月 13 日

道路运输企业和城市客运企业安全生产重大事故隐患判定标准（试行）

第一条　为指导各地科学判定、及时消除道路运输企业和城市客运企业安全生产重大事故隐患，根据《中华人民共和国安全生产法》《中华人民共和国道路交通安全法》《中华人民共和国道路运输条例》等法律法规，制定本标准。

第二条　本标准适用于道路旅客运输、道路普通货物运输、危险货物道路运输、城市轨道交通运营、城市公共汽电车客运、出租汽车客运、机动车驾驶员培训、机动车维修、汽车客运站等企业的安全生产重大事故隐患判定工作。

第三条 道路运输企业和城市客运企业存在下列情形之一的，应当判定为重大事故隐患：

（一）未取得经营许可或未按规定进行备案从事经营活动，或超出许可（备案）事项和有效期经营的；

（二）使用报废、擅自改装、拼装、检验检测不合格（含未在有效期内）以及其他不符合国家规定的车辆装备、设施设备等从事经营活动的；

（三）所属经营性驾驶员和车辆存在长期"三超一疲劳"（超速、超员、超载、疲劳驾驶）且运输过程中未及时提醒纠正、运输行为结束后一个月内未严肃处理，或所属经营性驾驶员存在一次计 10 分及以上诚信考核计分情形且未严肃处理仍继续安排上岗作业的；

（四）经营地或运营线路途经地已发布台风橙色及以上预警，暴雨、暴雪、冰雹、大雾、沙尘暴、大风、道路结冰红色预警，或地质灾害气象风险红色预警等不具备安全通行条件时，未执行政府部门停运指令或企业应急预案要求仍擅自安排运输作业的；

（五）按法律法规和规章规定，其他应当判定为重大事故隐患的。

第四条 道路旅客运输企业存在本标准第三条规定的情形或下列情形之一的，应当判定为重大事故隐患：

（一）800 公里以上道路客运班线未按规定开展安全风险评估，或所属客运车辆未按规定执行凌晨 2 时至 5 时停车休息或接驳运输的；

（二）所属客运车辆违法承运或夹带危险物品的。

第五条 道路普通货运企业存在本标准第三条规定情形或下列情形之一的，应当判定为重大事故隐患：

（一）所属货运车辆故意夹带危险货物或违规运输禁运、限运物品，且运输过程中未及时提醒纠正、运输行为结束后一个月内未严肃处理的；

（二）所属货运车辆运输过程中违法装载导致车货总质量超过 100 吨的。

第六条 危险货物道路运输企业存在本标准第三条规定情形或下列情形之一的，应当判定为重大事故隐患：

（一）运输危险货物过程中包装容器损坏、泄漏的；

（二）所属常压液体罐车罐体运输介质超出适装介质范围，或超过核定载质量载运危险货物的；

（三）所属危险货物运输车辆未按规定采取相关安全防护措施的；

（四）所属运输剧毒化学品、爆炸品的专用车辆及罐式专用车辆（含罐式挂车）在消除危险货物的危害前，到不具备危货车辆维修条件的维修企业进行维修的。

第七条　城市轨道交通运营单位存在本标准第三条（一）（二）（四）（五）规定情形或下列情形之一的，应当判定为重大事故隐患：

（一）未按规定及时组织大客流疏散或列车重大故障清客的；

（二）未按规定及时整治桥隧、车站、轨道主体结构重大病害和损伤的；

（三）未建立保护区管理制度或执行制度不到位发生险性事件的。

第八条　城市公共汽电车客运企业存在本标准第三条规定情形或下列情形之一的，应当判定为重大事故隐患：

（一）未按规定在城市公共汽电车车辆驾驶区域安装安全防护隔离设施的；

（二）新能源城市公共汽电车动力电池超过质保期，未按规定及时更换仍继续使用的。

第九条　出租汽车客运企业存在本标准第三条规定情形或下列情形之一的，应当判定为重大事故隐患：

（一）网络预约出租汽车经营者（网约车平台公司）线上提供服务的车辆或驾驶员与线下实际提供服务的车辆、驾驶员不一致的；

（二）网络预约出租汽车经营者（网约车平台公司）未在 App 显著位置设置"一键报警"，或虽设置"一键报警"但无法正常使用的。

第十条　机动车驾驶员培训机构存在本标准第三条规定情形或下列情形之一的，应当判定为重大事故隐患：

（一）在道路上进行培训时未遵守公安机关交通管理部门指定的路线和时间的；

（二）所属教练员饮酒、醉酒后从事驾驶培训教学，或未按规定在基础和场地驾驶培训中随车或现场指导、在道路驾驶培训中随车指导的。

第十一条　机动车维修企业存在本标准第三条规定情形或下列情形之一的，应当判定为重大事故隐患：

（一）不具备危险货物运输车辆维修经营业务条件仍违规承修危险货物运输车辆的；

（二）特种作业人员未按规定持证上岗的。

第十二条　开展汽车客运站经营的企业存在本标准第三条规定情形或下列情形之一的，应当判定为重大事故隐患：

（一）未按规定执行一类、二类客运班线实名制管理制度的；

（二）允许超载车辆出站的。

第十三条 依照本标准判定为重大事故隐患的，道路运输企业和城市客运企业应当按有关规定及时向属地交通运输主管部门和负有安全生产监督管理职责的管理部门报告，并依法依规采取相应处置措施。

第十四条 本标准自 2023 年 10 月 1 日起施行。

交通运输部办公厅关于印发《公路运营领域重大事故隐患判定标准》的通知

交办公路〔2023〕59 号

各省、自治区、直辖市、新疆生产建设兵团交通运输厅（局、委）：

根据《中华人民共和国安全生产法》《中华人民共和国公路法》《公路安全保护条例》等法律法规，我部组织编制了《公路运营领域重大事故隐患判定标准》，现印发给你们，请认真遵照执行。

交通运输部办公厅

2023 年 10 月 8 日

公路运营领域重大事故隐患判定标准

第一条　为指导各地科学准确判定公路运营领域重大事故隐患，根据《中华人民共和国安全生产法》《中华人民共和国公路法》《公路安全保护条例》等法律法规，制定本标准。

第二条　本标准适用于公路运营领域重大事故隐患判定工作。

第三条　本标准所称重大事故隐患是指极易导致重特大安全生产事故，且危害性大或者整改难度大，需要封闭全部或部分路段，并经过一定时间整改治理方能消除的隐患，或者因外部因素影响致使公路管理单位自身难以消除的隐患。

第四条　公路运营领域重大事故隐患分为在役公路桥梁、在役公路隧道、在役公路重点路段、违法违规行为四个方面。

第五条　在役公路桥梁存在以下情形的，应当判定为重大事故隐患：

桥梁技术状况评定为 5 类，尚未实施危桥改造且未封闭交通的。

第六条 在役公路隧道存在以下情形的，应当判定为重大事故隐患：

隧道技术状况评定为 5 类，尚未实施危隧整治且未关闭隧道的。

第七条 在役公路重点路段存在以下情形之一的，应当判定为重大事故隐患：

（一）路侧计算净区宽度范围内有车辆可能驶入的高速铁路、高速公路、高压输电线塔、危险品储藏仓库等设施，未按建设期标准规范设置公路交通安全设施的；

（二）跨越大型饮用水水源一级保护区和高速铁路的桥梁以及特大悬索桥、斜拉桥等缆索承重桥梁，未按建设期标准规范设置公路交通安全设施的。

第八条 在《公路安全保护条例》相关规定的公路范围内，存在以下情形之一的，应当判定为重大事故隐患：

（一）相关单位和个人违法从事采矿、采石、采砂、取土、爆破、抽取地下水、架设浮桥等作业，以及违法设立生产、储存、销售危险物品的场所、设施，危及重要公路基础设施安全的；

（二）相关单位和个人违法从事挖掘、占用、穿越、跨越、架设、埋设等涉路施工活动，危及重要公路基础设施安全的；

（三）相关单位和个人在公路用地范围内焚烧物品或排放有毒有害污染物严重影响公路通行的；

（四）相关单位和个人利用公路桥梁进行牵拉、吊装等危及公路桥梁安全的。

（五）载运易燃、易爆、剧毒、放射性等危险物品的车辆，未经审批许可或未按审批许可的行驶时间、路线通过实施交通管制的特大型公路桥梁或者特长公路隧道的。

第九条 本判定标准自发布之日起实施。

交通运输部办公厅

2023 年 10 月 9 日印发

交通运输部办公厅关于印发
《水上客运重大事故隐患判定指南
(暂行)》的通知

交办海〔2017〕170号

各省、自治区、直辖市交通运输厅(局、委),部长江、珠江航务管理局,各直属海事局:

经交通运输部同意,现将《水上客运重大事故隐患判定指南(暂行)》印发,使用中如遇重要情况,请及时向我部水运局和海事局反映。

交通运输部办公厅
2017年11月20日

水上客运重大事故隐患判定指南(暂行)

第一条 为指导水路运输和港口经营人判定水上客运重大事故隐患,根据《中华人民共和国安全生产法》《中华人民共和国海上交通安全法》《中华人民共和国港口法》《中华人民共和国内河交通安全管理条例》《国内水路运输管理条例》等法律、法规和交通运输部有关安全生产隐患治理的规定,制定本指南。

第二条 本指南适用于判定水上客运重大事故隐患。

第三条 本指南中的事故隐患是指水上客运生产经营单位违反安全生产法律、法规、规章、标准、规程和安全生产管理制度的规定,或者因其他因素在生产经营活动中存在可能导致事故发生的物的危险状态、人的不安全行为和管理上的缺陷。

重大事故隐患是指危害和整改难度较大,应当全部或者局部停产停业,并经过一定时间整改治理方能排除的隐患，或者因外部因素影响致使水上客运生产经营单位自身难以排除的隐患。

水上客运生产经营单位包括客船及其所有人、经营人、管理人，客运码头（含客运站，下同）经营人。

第四条 水上客运重大事故隐患主要包括以下六个方面：

（一）客船安全技术状况、重要设备存在严重缺陷；

（二）客船配员或船员履职能力严重不足；

（三）客运码头重要设备及应急设备存在严重缺陷或故障；

（四）水上客运生产经营单位违法经营、作业；

（五）水上客运生产经营单位安全管理存在严重问题；

（六）其他重大事故隐患。

第五条 "客船安全技术状况、重要设备存在严重缺陷"，是指下列情形之一的：

（一）客船擅自改建；

（二）客船改装后，船舶适航性、救生和防火要求，不满足技术法规要求；

（三）客船船体破损、航行设备损坏影响船舶安全航行，未及时修复；

（四）客船应急操舵装置、应急发电机等应急设施设备出现故障；

（五）客船未按规定配备足额消防救生设备设施或存在严重缺陷。

第六条 "客船配员或船员履职能力严重不足"，是指下列情形之一的：

（一）船长或者高级船员的配备未满足最低安全配员要求；

（二）参加航行、停泊值班的船员违反规定饮酒或服用国家管制的麻醉药品或者精神药品。

第七条 "客运码头重要设备及应急设备存在严重缺陷或故障"，是指下列情形之一的：

（一）未按规定配备足额消防救生设备设施或配备的设备设施存在严重缺陷；

（二）未按规定设置旅客、车辆上下船设施，安全设施，应急救援设备，或者设置的设备设施不能正常使用。

第八条 "水上客运生产经营单位违法经营、作业"，是指下列情形之一的：

（一）客船未持有有效的法定证书；

（二）客船未遵守恶劣天气限制、夜航规定航行；

（三）客船载运旅客人数超出乘客定额人数的、或未按规定载运或载运的车辆不符合相关规定、或未按规定执行"车客分离"要求；

（四）客运码头未按规定履行安检查危职责，违规放行人员和车辆；

（五）未按规定执行水路旅客运输实名制管理规定；

（六）超出许可范围和许可有效期经营。

第九条 "水上客运生产经营单位安全管理存在严重问题"，是指下列情形之一的：

（一）未按规定建立安全管理制度或安全管理体系；

（二）未切实执行安全管理制度或安全管理体系没有得到有效运行；

（三）安全管理相关人员不符合规定的任职要求或履职能力严重不足；

（四）未按规定制定应急预案或者未定期组织演练，且逾期不改正。

第十条 其他重大事故隐患，是指下列情形之一的：

（一）客船人员应急疏散通道严重堵塞；

（二）客船压载严重不当；

（三）客船积载、系固及绑扎严重不当；

（四）客船登离装置存在重大安全缺陷未及时纠正；

（五）客运码头未按相关标准配备安全检测设备或者设备无法正常使用；

（六）客运码头及其停车场与污染源、危险区域的距离不符合规定。

第十一条 对于不能依据本指南直接判断是否为重大事故隐患的情况，可组织有关专家，依据安全生产法律法规、规章、标准、规程和安全生产管理制度，进行论证、综合判定。

第十二条 本指南所指客船系指载客超过 12 人的船舶。

第十三条 本指南自 2018 年 1 月 1 日起施行。

交通运输部办公厅关于印发《危险货物港口作业重大事故隐患判定指南》的通知

交办水〔2016〕178号

各省、自治区、直辖市交通运输厅（委）：

为指导各地排查治理危险货物港口作业重大事故隐患，根据《港口法》《安全生产法》《危险化学品安全管理条例》等有关法律法规和相关国家、行业标准，我部组织编制了《危险货物港口作业重大事故隐患判定指南》，现予印发。使用中如遇重要情况，请及时向部水运局反映。

交通运输部办公厅

2016 年 12 月 19 日

危险货物港口作业重大事故隐患判定指南

第一条 为了准确判定、及时消除危险货物港口作业重大事故隐患（以下简称重大事故隐患），根据《安全生产法》《港口法》《危险化学品安全管理条例》《港口经营管理规定》《港口危险货物安全管理规定》等法律、法规、规章和交通运输部有关隐患治理的规定，制定本指南。

第二条 本指南适用港口区域内危险货物作业，用于指导危险货物港口经营人和港口行政管理部门判定各类危险货物港口作业重大事故隐患。

第三条 危险货物港口作业重大事故隐患包括以下 5 个方面：

（一）存在超范围、超能力、超期限作业情况，或者危险货物存放不符合安全要求的；

（二）危险货物作业工艺设备设施不满足危险货物的危险有害特性的安全防范要求，或者不能正常运行的；

（三）危险货物作业场所的安全设施、应急设备的配备不能满足要求，或者不能正常运行、使用的；

（四）危险货物作业场所或装卸储运设备设施的安全距离（间距）不符合规定的；

（五）安全管理存在重大缺陷的。

第四条 "存在超范围、超能力、超期限作业情况，或者危险货物存放不符合安全要求的"重大事故隐患，是指有下列情形之一的：

（一）超出《港口经营许可证》《港口危险货物作业附证》许可范围和有效期从事危险货物作业的；

（二）仓储设施（堆场、仓库、储罐，下同）超设计能力、超容量储存危险货物，或者储罐未按规定检验、检测评估的；

（三）储罐超温、超压、超液位储存，管道超温、超压、超流速输送，危险货物港口作业重要设备设施超负荷运行的；

（四）危险货物港口作业相关设备设施超期限服役且无法出具检测或检验合格证明、无法满足安全生产要求的；

（五）装载《危险货物品名表》（GB 12268）和《国际海运危险货物规则》规定的1.1项、1.2项爆炸品和硝酸铵类物质的危险货物集装箱未按照规定实行直装直取作业的；

（六）装载《危险货物品名表》（GB 12268）和《国际海运危险货物规则》规定的1类爆炸品（除1.1项、1.2项以外）、2类气体和7类放射性物质的危险货物集装箱超时、超量等违规存放的；

（七）危险货物未根据理化特性和灭火方式分区、分类和分库储存隔离，或者储存隔离间距不符合规定，或者存在禁忌物违规混存情况的。

第五条 "危险货物作业工艺设备设施不满足危险货物的危险有害特性的安全防范要求，或者不能正常运行的"重大事故隐患，是指有下列情形之一的：

（一）装卸甲、乙类火灾危险性货物的码头，未按《海港总体设计规范》（JTS165）等规定设置快速脱缆钩、靠泊辅助系统、缆绳张力监测系统和作业环境监测系统，或者不能正常运行的；

（二）液体散货码头装卸设备与管道未按装卸及检修要求设置排空系统，或者不能正常运行的；吹扫介质的选用不满足安全要求的；

（三）对可能产生超压的工艺管道系统未按规定设置压力检测和安全泄放装置，或者不能正常运行的；

（四）储罐未根据储存危险货物的危险有害特性要求，采取氮气密封保护系统、添加抗氧化剂或阻聚剂、保温储存等特殊安全措施的；

（五）储罐（罐区）、管道的选型、布置及防火堤（隔堤）的设置不符合规定的。

第六条 "危险货物作业场所的安全设施、应急设备的配备不能满足要求，或者不能正常运行、使用的"重大事故隐患，是指有下列情形之一的：

（一）危险货物作业场所未按规定设置相应的防火、防爆、防雷、防静电、防泄漏等安全设施、措施，或者不能正常运行的；

（二）危险货物作业大型机械未按规定设置防阵风和防台风装置，或者不能正常运行的；

（三）危险货物作业场所未按规定设置通信、报警装置，或者不能正常运行的；

（四）重大危险源未按规定配备温度、压力、液位、流量、组分等信息的不间断采集和监测系统的；储存剧毒物质的场所、设施，未按规定设置视频监控系统，或者不能正常运行的；

（五）工艺设备及管道未根据输送物料的火灾危险性及作业条件，设置相应的仪表、自动联锁保护系统或者紧急切断措施，或者不能正常运行的；

（六）未按规定配备必要的应急救援器材、设备的；应急救援器材、设备不能满足可能发生的火灾、爆炸、泄漏、中毒事故的应急处置的类型、功能、数量要求，或者不能正常使用的。

第七条 "危险货物作业场所或装卸储运设备设施的安全距离（间距）不符合规定的"重大事故隐患，是指有下列情形之一的：

（一）危险货物作业场所与其外部周边地区人员密集场所、重要公共设施、重要交通基础设施等的安全距离（间距）不符合规定的；

（二）危险货物港口经营人内部装卸储运设备设施以及建构筑物之间的安全距离（间距）不符合规定的。

第八条 "安全管理存在重大缺陷的"重大事故隐患，是指有下列情形之一的：

（一）未按规定设置安全生产管理机构、配备专职安全生产管理人员的；未建立安全生产责任制、安全教育培训制度、安全操作规程、安全事故隐患排查治理、重大危险源管理、火灾（爆炸、泄漏、中毒）等重大事故应急预案等安全管理制度，或者落实不到位且情节严重的；

（二）未按规定对安全生产条件定期进行安全评价的；

（三）从业人员未按规定取得相关从业资格证书并持证上岗的；

（四）违反安全规范或操作规程在作业区域进行动火、受限空间作业、盲板抽堵、高处作业、吊装、临时用电、动土、断路作业等危险作业的。

第九条 除以上列明的情形外，各地可结合本地实际，对发现的风险较大且难以直接判断为重大事故隐患的，组织 5 名或 7 名危险货物港口作业领域专家，依据安全生产法律法规、国家标准和行业标准，结合同类型重特大事故案例，针对事故发生的概率和可能造成的后果、整改难易程度，采用风险矩阵、专家分析等方法，进行论证分析、综合判定。

第十条 关于危险货物港口作业特种设备相关重大事故隐患判定依照国家相关法律法规、标准规范执行，消防相关重大事故隐患判定依照《重大火灾隐患判定方法》（GA 653）等标准规范执行。

第十一条 依照本指南判定为重大事故隐患的，应依法依规采取相应处置措施。

第十二条 本指南下列用语的含义：

（一）港口危险货物重大危险源，是指依照《危险化学品重大危险源辨识》（GB 18218）、《港口危险货物重大危险源监督管理办法（试行）》辨识确定，港口区域内储存危险货物的数量等于或者超过临界量的单元（包括场所和设施）；

（二）液体散货码头，是指原油、成品油、液体化工品和液化石油气、液化天然气等散装液体货物的装卸码头；

（三）事故隐患，是指危险货物港口经营人违反安全生产法律、法规、规章、标准、规程和安全生产管理制度的规定，或者因其他因素在生产经营活动中存在可能导致事故发生的人的不安全行为、物的危险状态、场所的不安全因素和管理上的缺陷。

重大事故隐患，是指危害和整改难度较大，需要局部或者全部停产停业，并经过一定时间整改治理方能消除的事故隐患，或者因外部因素影响致使生产经营单位自身难以消除的事故隐患。

水利部办公厅关于印发水利工程生产安全重大事故隐患清单指南（2023 年版）的通知

办监督〔2023〕273 号

部机关各司局，部直属各单位，各省、自治区、直辖市水利（水务）厅（局），新疆生产建设兵团水利局：

根据国务院安委会办公室关于进一步完善隧道工程重大事故隐患判定工作的要求，结合水利行业实际情况，水利部监督司组织对《水利工程生产安全重大事故隐患清单指南（2021 年版）》进行修订，形成了《水利工程生产安全重大事故隐患清单指南（2023 年版）》。现印发给你单位，请遵照执行。

水利部办公厅

2023 年 11 月 14 日

水利工程建设项目生产安全重大事故隐患清单指南

序号	类别	管理环节	隐患编号	隐 患 内 容
1	基础管理	资质和人员管理	SJ–J001	施工单位未取得安全生产许可证擅自从事水利工程建设经营活动；勘察（测）、设计、施工单位无资质或超越资质等级承揽、转包、违法分包工程；项目法人和施工单位未按规定设置安全生产管理机构或未按规定配备专职安全生产管理人员；施工单位主要负责人、项目负责人和专职安全生产管理人员未按规定持有效的安全生产考核合格证书；特种（设备）作业人员未取得特种作业人员操作资格证书上岗作业
2		方案管理	SJ–J002	无施工组织设计施工；未按规定编制和审批危险性较大的工程专项施工方案；超过一定规模的危险性较大单项工程的专项施工方案未按规定组织专家论证、审查擅自施工；未按批准的专项施工方案组织实施；需要验收的危险性较大的单项工程未经验收合格转入后续工程施工
3	临时工程	营地及施工设施建设	SJ–J003	施工工厂区、施工（建设）管理及生活区、危险化学品仓库布置在洪水、雪崩、滑坡、泥石流、塌方及危石等危险区域
4		临时设施	SJ–J004	宿舍、办公用房、厨房操作间、易燃易爆危险品库等消防重点部位安全距离不符合要求且未采取有效防护措施；宿舍、办公用房、厨房操作间、易燃易爆危险品库等建筑构件的燃烧性能等级未达到 A 级；宿舍、办公用房采用金属夹芯板材时，其芯材的燃烧性能等级未达到 A 级
5		围堰工程	SJ–J005	围堰不符合规范和设计要求；围堰位移及渗流量超过设计要求，且无有效管控措施
6	专项工程	临时用电	SJ–J006	施工现场专用的电源中性点直接接地的低压配电系统未采用 TN–S 接零保护系统；发电机组电源未与其他电源互相闭锁，并列运行；外电线路的安全距离不符合规范要求且未按规定采取防护措施
7		脚手架	SJ–J007	达到或超过一定规模的作业脚手架和支撑脚手架的立杆基础承载力不符合专项施工方案的要求，且已有明显沉降；立杆采用搭接（作业脚手架顶步距除外）；未按专项施工方案设置连墙件

序号	类别	管理环节	隐患编号	隐 患 内 容
8		模板工程	SJ–J008	爬模、滑模和翻模施工脱模或混凝土承重模板拆除时，混凝土强度未达到规定值
9		危险物品	SJ–J009	运输、使用、保管和处置易燃易爆、雷管炸药等危险物品不符合安全要求
10		起重吊装与运输	SJ–J010	起重机械未按规定经有相应资质的单位安装（拆除）或未经有相应资质的检验检测机构检验合格后投入使用；起重机械未配备荷载、变幅等指示装置和荷载、力矩、高度、行程等限位、限制及连锁装置；同一作业区两台及以上起重设备运行未制定防碰撞方案，且存在碰撞可能；隧洞竖（斜）井或沉井、人工挖孔桩井载人（货）提升机械未设置安全装置或安全装置不灵敏
11		起重吊装与运输	SJ–J011	大中型水利水电工程金属结构施工采用临时钢梁、龙门架、天锚起吊闸门、钢管前，未对其结构和吊点进行设计计算、履行审批审查验收手续，未进行相应的负荷试验；闸门、钢管上的吊耳板、焊缝未经检查检测和强度验算投入使用
12	专项工程	高边坡、深基坑	SJ–J012	断层、裂隙、破碎带等不良地质构造的高边坡，未按设计要求及时采取支护措施或未经验收合格即进行下一梯段施工；深基坑土方开挖放坡度不满足其稳定性要求且未采取加固措施
13		隧洞施工	SJ–J013	未按规定要求进行超前地质预报和监控测量；勘察设计与实际地质条件严重不符时，未进行动态勘察设计；监控测量数据异常变化，未采取措施处置；地下水丰富地段隧洞施工作业面带水施工无相应措施或控制措施失效时继续施工；矿山法施工仰拱一次开挖长度不符合方案要求、未及时封闭成环；矿山法施工仰拱、初期支护、二次衬砌与掌子面的距离不符合规范、设计或专项施工方案要求；矿山法施工未及时处理拱架背后脱空、二衬拱顶脱空问题；盾构施工盾尾密封失效仍冒险作业；盾构施工未按规定带压开仓检查换刀
14		隧洞施工	SJ–J014	无爆破设计或未按爆破设计作业；无统一的爆破信号和爆破指挥，起爆前未进行安全条件确认；爆破后未进行检查确认，或未排险立即施工；隧洞施工运输车辆未定期检查，超重运输或使用货运车辆运送人员；未按规定设置应急通讯和报警系统；高瓦斯隧洞或瓦斯突出隧洞未按设计或方案进行揭煤防突，各开挖工作面未设置独立通风；高瓦斯或瓦斯突出的隧洞工程场所作业未使用防爆电器；洞室施工过程中，未对洞内有毒有害气体进行检测、监测；有毒有害气体达到或超过规定标准时未采取有效措施；隧洞内动火作业未按要求履行作业许可审批手续并安排专人监护

（续）

序号	类别	管理环节	隐患编号	隐 患 内 容
15	专项工程	设备安装	SJ-J015	蜗壳、机坑里衬安装时，搭设的施工平台（组装）未经检查验收即投入使用；在机坑中进行电焊、气割作业（如水机室、定子组装、上下机架组装）时，未设置隔离防护平台或铺设防火布，现场未配备消防器材
16		水上作业	SJ-J016	未按规定设置必要的安全作业区或警戒区；水上作业施工船舶施工安全工作条件不符合船舶使用说明书和设备状况，未停止施工；挖泥船的实际工作条件大于 SL 17—2014 表 5.7.9 中所列数值，未停止施工
17		防洪度汛	SJ-J017	有度汛要求的建设项目未按规定制定度汛方案和超标准洪水应急预案；工程进度不满足度汛要求时未制定和采取相应措施；位于自然地面或河水位以下的隧洞进出口未按施工期防洪标准设置围堰或预留岩坎
18	其他	液氨制冷	SJ-J018	氨压机车间控制盘柜与氨压机未分开隔离布置；未设置、配备固定式氨气报警仪和便携式氨气检测仪；未设置应急疏散通道并明确标识
19		安全防护	SJ-J019	排架、井架、施工电梯、大坝廊道、隧洞等出入口和上部有施工作业的通道，未按规定设置防护棚
20		设备检修	SJ-J020	混凝土（水泥土、水泥稳定土）拌合机进筒（罐、斗）检修、TBM 及盾构设备刀盘检修时未切断电源或开关箱未上锁且无人监管

水利工程运行管理生产安全重大事故隐患清单指南

序号	管理对象	隐患编号	隐 患 内 容
1	水利工程通用	SY – T001	有泄洪要求的闸门不能正常启闭；泄水建筑物堵塞，无法正常泄洪；启闭机自动控制系统失效
2		SY – T002	有防洪要求的工程未按照设计和规范设置监测、观测设施或监测、观测设施严重缺失；未开展监测观测
3	水库大坝工程	SY – K001	大坝安全鉴定为三类坝，未采取有效管控措施
4		SY – K002	大坝防渗和反滤排水设施存在严重缺陷；大坝渗流压力与渗流量变化异常；坝基扬压力明显高于设计值，复核抗滑安全系数不满足规范要求；运行中已出现流土、漏洞、管涌、接触渗漏等严重渗流异常现象；大坝超高不满足规范要求；水库泄洪能力不满足规范要求；水库防洪能力不足
5		SY – K003	大坝及泄水、输水等建筑物的强度、稳定、泄流安全不满足规范要求，存在危及工程安全的异常变形或近坝岸坡不稳定
6		SY – K004	有泄洪要求的闸门、启闭机等金属结构安全检测结果为"不安全"，强度、刚度及稳定性不满足规范要求；或维护不善，变形、锈蚀、磨损严重，不能正常运行
7		SY – K005	未经批准擅自调高水库汛限水位；水库未经蓄水验收即投入使用
8	水电站工程	SY – D001	小型水电站安全评价为 C 类，未采取有效管控措施
9		SY – D002	主要供发电设备异常运行已达到规程标准的紧急停运条件而未停止运行；可能出现六氟化硫泄漏、聚集的场所，未设置监测报警及通风装置；有限空间作业未经审批或未开展有限空间气体检测
10	泵站	SY – B001	泵站综合评定为三类、四类，未采取有效管控措施
11	水闸工程	SY – Z001	水闸安全鉴定为三类、四类闸，未采取有效管控措施
12		SY – Z002	水闸的主体结构不均匀沉降、垂直位移、水平位移超出允许值，可能导致整体失稳；止水系统破坏
13		SY – Z003	水闸监测发现铺盖、底板、上下游连接段底部淘空存在失稳的可能

序号	管理对象	隐患编号	隐 患 内 容
14	堤防工程	SY－F001	堤防安全综合评价为三类，未采取有效管控措施
15		SY－F002	堤防渗流坡降和覆盖层盖重不满足标准的要求，或工程已出现严重渗流异常现象
16		SY－F003	堤防及防护结构稳定性不满足规范要求，或已发现危及堤防稳定的现象
17	引调水及灌区工程	SY－YG001	渡槽及跨渠建筑物地基沉降量超过设计要求；排架倾斜较大，水下基础露空较大，超过设计要求；渡槽结构主体裂缝多，碳化破损严重，止水失效，漏水严重
18		SY－YG002	隧洞洞脸边坡不稳定；隧洞围岩或支护结构严重变形
19		SY－YG003	高填方或傍山渠坡出现管涌等渗透破坏现象或塌陷、边坡失稳等现象
20	淤地坝工程	SY－NK001	下游影响范围有村庄、学校、工矿等的大中型淤地坝无溢洪道或无放水设施；坝体坝肩出现贯通性横向裂缝或纵向滑动性裂缝；坝坡出现破坏性滑坡、塌陷、冲沟、坝体出现冲缺、管涌、流土；放水建筑物（卧管、竖井、涵洞、涵管等）或溢洪道出现损毁、断裂、坍塌、基部掏刷、悬空

农业农村部关于印发《渔业船舶重大事故隐患判定标准（试行）》的通知

农渔发〔2022〕11号

各省、自治区、直辖市农业农村（农牧）、渔业厅（局、委），新疆生产建设兵团农业农村局：

为进一步压实船东船长主体责任，强化渔业船舶安全风险防范，防止和减少生产安全事故，保障渔民群众生命财产安全，根据《中华人民共和国安全生产法》等有关法律法规，农业农村部制定了《渔业船舶重大事故隐患判定标准（试行）》。现印发你们，请结合实际认真贯彻落实，并可以进一步细化实化监管措施，完善重大事故隐患判定标准。

农业农村部
2022 年 4 月 2 日

渔业船舶重大事故隐患判定标准（试行）

根据《中华人民共和国安全生产法》等有关法律法规和相关国家、行业标准，核定载员 10 人及以上的渔业船舶具有以下情形之一的，应当判定为重大事故隐患：

（一）未经批准擅自改变渔业船舶结构、主尺度、作业类型的；

（二）救生消防设施设备、号灯处于不良好可用状态的；

（三）职务船员不能满足最低配员标准的；

（四）擅自关闭、破坏、屏蔽、拆卸北斗船位监测系统、远洋渔船监测系统（VMS）或船舶自动识别系统（AIS）等安全通导和船位监测终端设备，或者篡改、隐瞒、销毁其相关数据、信息的；

（五）超过核定航区或者抗风等级、超载航行、作业的；

（六）渔业船舶检验证书或国籍证书失效后出海航行、作业的；

（七）在船人员超过核定载员或未经批准载客的；

（八）防抗台风等自然灾害期间，不服从管理部门及防汛抗旱指挥部的停航、撤离或转移等决定和命令，未及时撤离危险海域的。

农业农村部办公厅关于印发《农机安全生产重大事故隐患判定标准（试行）》的通知

农办机〔2022〕7 号

为严密防范、坚决遏制农机安全生产领域发生重特大事故，按照《国务院安委会办公室关于切实加强重大安全风险防范化解工作的通知》（安委办〔2022〕4 号）以及《农业农村部安委会办公室关于开展防范化解重大安全风险工作的通知》（农安办发〔2022〕4 号）的要求，我部制定了《农机安全生产重大事故隐患判定标准（试行)》，并研究提出了相关管理措施。现印发给你们，请按照标准和农机安全生产大检查工作部署，结合实际统筹制定工作方案，切实抓好农机重大安全风险防范化解工作。请分别于 2022 年 7 月 20 日和 10 月 30 日前报送工作方案和工作总结。

农业农村部办公厅

2022 年 6 月 24 日

农机安全生产重大事故隐患判定标准（试行）

根据《中华人民共和国安全生产法》《中华人民共和国道路交通安全法》《农业机械安全监督管理条例》等有关法律法规和相关国家、行业标准，农机安全生产领域存在以下情形之一的，应当判定为重大事故隐患：

（一）无证驾驶操作拖拉机或联合收割机的，酒后、服用违禁药品等操作农业机械的；

（二）拖拉机违法搭载人员的；

（三）无号牌、未经检验或检验不合格的拖拉机和联合收割机投入使用的；

（四）存在超载、超限、超速等行为的；

（五）拼装、改装农业机械等导致不符合农业机械运行安全技术条件的；

（六）农业机械存在灯光不齐、安全防护装置与安全标志缺失，以及刹车与转向系统失灵等安全隐患的。

管　理　措　施

（一）强化源头管理。严格做好拖拉机和联合收割机注册登记、驾驶人考试等管理工作，严禁给不符合安全标准的农业机械发放牌证，严禁给未经考试或考试不合格的人员核发驾驶证，严厉查处违规发放拖拉机和联合收割机牌证的行为。

（二）强化技术检验。严格按照《拖拉机和联合收割机安全技术检验规范》进行安全技术检验，强化运行安全技术要求及安全装置检查，对不符合条件以及未粘贴反光标识的拖拉机运输机组不予通过检验。

（三）强化宣传培训。运用多种形式重点宣传安全生产法律、法规和农机安全生产知识，提升农机安全生产意识。开展多种形式的农机安全培训，提高农机手安全驾驶和操作技能。

（四）强化执法检查。规范农机安全执法履职行为，明确职责，落实到岗。严查无证驾驶、无牌行驶、酒后驾驶、未年检、拼装改装、违法载人、超速超载、伪造变造证书和牌照等违法违规行为，形成严管高压态势。

国家能源局综合司关于印发《重大电力安全隐患判定标准（试行）》的通知

国能综通安全〔2022〕123 号

各省（自治区、直辖市）能源局，有关省（自治区、直辖市）及新疆生产建设兵团发展改革委、工业和信息化主管部门，北京市城市管理委，各派出机构，全国电力安委会各企业成员单位：

为强化重大电力安全隐患排查治理和监督管理有关工作，依据《中华人民共和国安全生产法》《电力安全隐患治理监督管理规定》等有关规定，国家能源局制定了《重大电力安全隐患判定标准（试行）》。现印发你们，请遵照执行。

国家能源局综合司

2022 年 12 月 29 日

重大电力安全隐患判定标准（试行）

第一条 为准确认定、及时消除重大电力安全隐患（以下简称重大隐患），有效防范和遏制重特大生产安全事故，根据《中华人民共和国安全生产法》《电力安全隐患治理监督管理规定》以及有关法律法规、规章、政策文件和强制性标准的相关规定，制定本判定标准。

第二条 本判定标准适用于判定国家能源局电力安全监督管理范围内的重大隐患。危险化学品、消防（火灾）、特种设备等有关行业领域对重大事故隐患判定标准另有规定的，适用其规定。

第三条 本判定标准所指电力设备设施范围为 330 千伏及以上电网设备设

施，单机容量 300 兆瓦及以上的燃煤发电机组和水力发电机组、单套容量 200 兆瓦及以上的燃气发电机组、核电常规岛及核电厂配套输变电设施、容量 300 兆瓦及以上风力发电场和光伏发电站；所指施工作业工程为《电力建设工程施工安全管理导则》（NB/T 10096—2018）规定的超过一定规模的危险性较大的分部分项工程。特殊情形在具体条款中另行规定。

第四条 有下列情形之一的，应判定为重大隐患：

电网安全稳定控制系统以及直流控制保护系统参数、策略、定值计算和设定不正确；直流控保、直流配套安全稳定控制装置未按双重化配置。

特高压架空线路杆塔基础出现较大沉陷、严重开裂或显著上拔，塔身出现严重弯曲形变，导地线出现严重损伤、断股和腐蚀。

特高压变压器（换流变）乙炔、总烃等特征气体明显增高，内部存在严重局部放电，绝缘电阻和介损试验数据严重超标。

燃煤锅炉烟风道、除尘器、脱硝催化剂装置、渣仓、粉仓料斗（含灰斗）、输煤栈桥等重点设备设施的钢结构、支吊架、承重焊接部位总体强度不满足结构强度要求。

电力监控系统横向边界未部署专用隔离装置，或者调度数据网纵向边界未部署电力专用纵向加密认证装置，或生产控制大区非法外联。

《水电站大坝工程隐患治理监督管理办法》中规定的大坝特别重大、重大工程隐患；燃煤发电厂贮灰场大坝未开展安全评估，贮灰场安全等级评定为险态灰场。

建设单位将建设项目发包给不具备安全生产条件或相应资质施工企业，所属工程专项施工方案未按规定开展编、审、批或专家论证，开展爆破、吊装、有限空间等危险作业未履行施工作业许可审批手续或无人监护。

第五条 对其他严重违反电力安全生产法律法规、规章、政策文件和强制性标准，或可能导致群死群伤或造成重大经济损失或造成严重社会影响的隐患，有关单位可参照重大隐患监督管理。

第六条 本判定标准由国家能源局负责解释。

国家能源局关于印发《水电站大坝工程隐患治理监督管理办法》的通知

国能发安全规〔2022〕93号

各省（自治区、直辖市）能源局，有关省（自治区、直辖市）及新疆生产建设兵团发展改革委、工业和信息化主管部门，北京市城市管理委，各派出机构，大坝中心，全国电力安委会各企业成员单位：

为加强水电站大坝运行安全监督管理，规范水电站大坝工程隐患的排查治理工作，我局对《水电站大坝除险加固管理办法》（电监安全〔2010〕30号）进行了修订，形成《水电站大坝工程隐患治理监督管理办法》。现印发给你们，请遵照执行。

国家能源局

2022年10月19日

水电站大坝工程隐患治理监督管理办法

第一章 总 则

第一条 为了加强水电站大坝运行安全监督管理，规范水电站大坝工程隐患的排查治理工作，根据《中华人民共和国安全生产法》《水库大坝安全管理条例》《水电站大坝运行安全监督管理规定》等法律、法规和规章，制订本办法。

第二条 本办法适用于按照《水电站大坝运行安全监督管理规定》纳入国家能源局监督管理范围的水电站大坝（以下简称大坝）。

第三条 电力企业是大坝工程隐患排查治理的责任主体，其主要负责人为大坝工程隐患排查治理的第一责任人。

电力企业应当明确大坝工程隐患排查治理的目标和任务，制定隐患治理计划和治理方案，落实人、财、物、技术等资源保障。

第四条 国家能源局对大坝工程隐患治理实施综合监督管理。国家能源局派出机构（以下简称派出机构）对辖区内大坝工程隐患治理实施监督管理。承担水电站项目核准和电力运行管理的地方各级电力管理等有关部门（以下简称地方电力管理部门）依照国家法律法规和有关规定，对本行政区域内大坝工程隐患治理履行地方管理责任。国家能源局大坝安全监察中心（以下简称大坝中心）对大坝工程隐患治理提供技术监督和管理保障。

第五条 大坝工程隐患按照其危害严重程度，分为特别重大、重大、较大、一般等四级。

大坝较大以上（含较大，下同）工程隐患的治理应当进行专项设计、专项审查、专项施工和专项验收。

第二章 隐 患 确 认

第六条 大坝特别重大工程隐患，是指大坝存在以下一种或者多种工程问题、缺陷，并且经过分析论证，即使在采取控制水库运行水位措施、尽最大可能降低水库水位的条件下，在设防标准内仍然可能导致溃坝或者漫坝的情形：

（一）防洪能力严重不足；

（二）大坝整体稳定性不足；

（三）存在影响大坝运行安全的坝体贯穿性裂缝；

（四）坝体、坝基、坝肩渗漏严重或者渗透稳定性不足；

（五）泄洪消能建筑物严重损坏或者严重淤堵；

（六）泄水闸门、启闭机无法安全运行；

（七）枢纽区存在影响大坝运行安全的严重地质灾害；

（八）严重影响大坝运行安全的其他工程问题、缺陷。

大坝重大工程隐患，是指大坝存在本条第一款规定的一种或者多种工程问题、缺陷，并且经过分析论证，在采取控制水库运行水位措施、尽最大可能降低水库水位的条件下，在设防标准内一般不会导致溃坝或者漫坝的情形。

大坝较大工程隐患，是指大坝存在本条第一款规定的一种或者多种工程问题、缺陷，并且经过分析论证，无需采取控制水库水位措施，在设防标准内一般不会导致溃坝或者漫坝的情形。

大坝一般工程隐患，是指大坝存在工程问题、缺陷，已经或者可能影响大坝运行安全，但其危害尚未达到较大工程隐患严重程度的情形。

第七条 大坝工程隐患，可由电力企业自查确认，也可由派出机构、地方电力管理部门、大坝中心在日常监督管理或者大坝安全定期检查、特种检查等工作中确认。确认标准按照本办法第六条以及电力安全隐患监督管理相关规定执行。

第八条 大坝工程隐患确认时间，是指电力企业自查确认的时间；派出机构、地方电力管理部门在监督管理过程中提出明确意见的时间；大坝中心印发大坝安全定期检查、特种检查审查意见的时间，以及提出大坝其他工程隐患督查意见的时间。

第九条 电力企业对自查确认的大坝较大以上工程隐患，应当立即书面报告派出机构、地方电力管理部门以及大坝中心。派出机构、地方电力管理部门以及大坝中心对各自确认的大坝较大以上工程隐患，除了应当及时通知电力企业之外，还应当同时相互抄送告知。

大坝较大以上工程隐患涉及防汛、环保、航运等事项的，隐患确认单位还应当同时告知地方政府相关主管部门。

第三章 隐 患 治 理

第十条 大坝工程隐患确认之日起的两个月内，电力企业应当将隐患治理计划报送大坝中心；对于较大以上的工程隐患，电力企业还应当将治理计划报送派出机构和地方电力管理部门。

第十一条 电力企业应当委托大坝原设计单位或者具有相应资质的设计单位，对大坝较大以上工程隐患的治理方案进行专项设计。

第十二条 电力企业应当委托大坝设计方案的原审查单位或者具有相应资质的审查单位，对大坝较大以上工程隐患的治理方案进行专项审查。

第十三条 大坝较大以上工程隐患治理方案专项审查通过后的一个月内，电力企业应当将通过审查或者按照审查意见修改后的治理方案报请大坝中心开展安全性评审。通过安全性评审后，电力企业应当将治理方案报送派出机构和地方电力管理部门。

第十四条 大坝较大以上工程隐患的治理方案涉及大坝原设计功能改变或者调整的部分，电力企业应当依法依规报请项目核准（审批）部门批准。

第十五条 大坝较大以上工程隐患的治理，应当由电力企业委托具有相应资质的制造、安装、施工、维修和监理单位实施。

第十六条 电力企业应当严格按照大坝工程隐患治理计划和治理方案明确的时限、质量等要求开展治理工作，并定期将进展情况报送大坝中心，其中较大以上工程隐患的治理情况还应当报送派出机构和地方电力管理部门。

第十七条 大坝较大以上工程隐患的治理，应当在要求的时限内完成；一般工程隐患原则上应当立即完成治理，治理工作量大、受客观条件限制的，可适当延长完成时间。

第十八条 大坝较大以上工程隐患治理完成并经过一年运行后，电力企业应当及时组织开展专项竣工验收。派出机构、地方电力管理部门以及大坝中心应当按照职责和分工参加竣工验收。通过专项竣工验收之日起的一个月内，电力企业应当将验收报告以及相关资料报送大坝中心、派出机构和地方电力管理部门。

第四章　风　险　防　控

第十九条 大坝较大以上工程隐患确认后，电力企业应当加强水情监测、水库调度、防洪度汛、安全监测以及大坝巡视检查等工作，并采取有效措施保证大坝运行安全。构成特别重大工程隐患或者重大工程隐患的，电力企业还应当采取降低水库运行水位、放空水库等安全保障措施。

第二十条 大坝较大以上工程隐患确认后，电力企业应当及时制定或者修订专项应急预案，按照有关规定完成预案评审和备案，加强预报预警，健全应急协调联动机制，积极开展应急演练。

第二十一条 大坝存在工程隐患，采取治理措施仍然不能保证运行安全的，应当按照《水电站大坝运行安全监督管理规定》有关规定退出运行。

第五章　监　督　管　理

第二十二条 大坝中心收到电力企业报送的特别重大工程隐患、重大工程隐患治理专项竣工验收资料后，应当及时重新评定大坝安全等级，并将评定结果报告国家能源局，同时抄送派出机构和地方电力管理部门。

第二十三条 派出机构、地方电力管理部门、大坝中心应当依照法律法规和相关规定，加强对大坝工程隐患治理的监督管理。

国家能源局负责对大坝特别重大工程隐患的治理实施挂牌督办，必要时可以指定有关派出机构实施挂牌督办。派出机构负责对大坝重大工程隐患实施挂牌督办。地方电力管理部门依照法律法规和相关规定做好大坝隐患治理挂牌督办有关工作。大坝中心为挂牌督办提供技术支持。

第二十四条 派出机构、地方电力管理部门以及大坝中心应当加强协同配合，联合开展相关监督检查，督促指导电力企业按时、高质量完成大坝工程隐患治理各项工作。

第二十五条 国家能源局、派出机构、地方电力管理部门应当依照国家法律法规和有关规定，调查处理大坝工程隐患治理责任不落实的企业和相关人员。

第二十六条 电力企业应当积极配合国家能源局、派出机构、地方电力管理部门以及大坝中心对大坝工程隐患治理开展的监督管理工作。

第六章 附　　则

第二十七条 本办法自发布之日起施行，有效期五年。原国家电力监管委员会颁布施行的《水电站大坝除险加固管理办法》（电监安全〔2010〕30号）同时废止。

国家市场监督管理总局令

第 57 号

《特种设备安全监督检查办法》已经 2022 年 5 月 10 日市场监管总局第 8 次局务会议通过，现予公布，自 2022 年 7 月 1 日起施行。

局长　张　工

2022 年 5 月 26 日

特种设备安全监督检查办法

第一章　总　　则

第一条　为了规范特种设备安全监督检查工作，落实特种设备生产、经营、使用单位和检验、检测机构安全责任，根据《中华人民共和国特种设备安全法》《特种设备安全监察条例》等法律、行政法规，制定本办法。

第二条　市场监督管理部门对特种设备生产（包括设计、制造、安装、改造、修理）、经营、使用（含充装，下同）单位和检验、检测机构实施监督检查，适用本办法。

第三条　国家市场监督管理总局负责监督指导全国特种设备安全监督检查工作，可以根据需要组织开展监督检查。

县级以上地方市场监督管理部门负责本行政区域内的特种设备安全监督检查工作，根据上级市场监督管理部门部署或者实际工作需要，组织开展监督检查。

市场监督管理所依照市场监管法律、法规、规章有关规定以及上级市场监督管理部门确定的权限，承担相关特种设备安全监督检查工作。

第四条　特种设备安全监督检查工作应当遵循风险防控、分级负责、分类实施、照单履职的原则。

第二章 监督检查分类

第五条 特种设备安全监督检查分为常规监督检查、专项监督检查、证后监督检查和其他监督检查。

第六条 市场监督管理部门依照年度常规监督检查计划，对特种设备生产、使用单位实施常规监督检查。

常规监督检查的项目和内容按照国家市场监督管理总局的有关规定执行。

第七条 市级市场监督管理部门负责制定年度常规监督检查计划，确定辖区内市场监督管理部门任务分工，并分级负责实施。

年度常规监督检查计划应当报告同级人民政府。对特种设备生产单位开展的年度常规监督检查计划还应当同时报告省级市场监督管理部门。

第八条 常规监督检查应当采用"双随机、一公开"方式，随机抽取被检查单位和特种设备安全监督检查人员（以下简称检查人员），并定期公布监督检查结果。

常规监督检查对象库应当将取得许可资格且住所地在本辖区的特种设备生产单位和本辖区办理特种设备使用登记的使用单位全部纳入。

特种设备生产单位制造地与住所地不在同一辖区的，由制造地的市级市场监督管理部门纳入常规监督检查对象库。

第九条 市级市场监督管理部门应当根据特种设备安全状况，确定常规监督检查重点单位名录，并对重点单位加大抽取比例。

符合以下情形之一的，应当列入重点单位名录：

（一）学校、幼儿园以及医院、车站、客运码头、机场、商场、体育场馆、展览馆、公园、旅游景区等公众聚集场所的特种设备使用单位；

（二）近二年使用的特种设备发生过事故并对事故负有责任的；

（三）涉及特种设备安全的投诉举报较多，且经调查属实的；

（四）市场监督管理部门认为应当列入的其他情形。

第十条 市场监督管理部门为防范区域性、系统性风险，做好重大活动、重点工程以及节假日等重点时段安全保障，或者根据各级人民政府和上级市场监督管理部门的统一部署，在特定时间内对特定区域、领域的特种设备生产、经营、使用单位和检验、检测机构实施专项监督检查。

第十一条　组织专项监督检查的市场监督管理部门应当制定专项监督检查工作方案，明确监督检查的范围、任务分工、进度安排等要求。

专项监督检查工作方案应当要求特种设备生产、经营、使用单位和检验、检测机构开展自查自纠，并规定专门的监督检查项目和内容，或者参照常规监督检查的项目和内容执行。

第十二条　市场监督管理部门对其许可的特种设备生产、充装单位和检验、检测机构是否持续保持许可条件、依法从事许可活动实施证后监督检查。

第十三条　证后监督检查由实施行政许可的市场监督管理部门负责组织实施，或者委托下级市场监督管理部门组织实施。

第十四条　组织实施证后监督检查的市场监督管理部门应当制定证后监督检查年度计划和工作方案。

证后监督检查年度计划应当明确检查对象、进度安排等要求，工作方案应当明确检查方式、检查内容等要求。

第十五条　市场监督管理部门开展证后监督检查应当采用"双随机、一公开"方式，随机抽取被检查单位和检查人员，并及时公布监督检查结果。

证后监督检查对象库应当将本机关许可的特种设备生产、充装单位和检验、检测机构全部列入。

第十六条　市场监督管理部门应当根据特种设备生产、充装质量安全状况或者特种设备检验、检测质量状况，确定证后监督检查重点单位名录，并对重点单位加大抽取比例。

符合以下情形之一的，应当列入重点单位名录：

（一）上一年度自我声明承诺换证的；

（二）上一年度生产、充装、检验、检测的特种设备发生过事故并对事故负有责任，或者因特种设备生产、充装、检验、检测问题被行政处罚的；

（三）上一年度因产品缺陷未履行主动召回义务被责令召回的；

（四）涉及特种设备安全的投诉举报较多，且经调查属实的；

（五）市场监督管理部门认为应当列入的其他情形。

第十七条　同一年度，对同一单位已经进行证后监督检查的不再进行常规监督检查。

第十八条　市场监督管理部门对其他部门移送、上级交办、投诉、举报等途径和检验、检测、监测等方式发现的特种设备安全违法行为或者事故隐患线索，根据需要可以对特种设备生产、经营、使用单位和检验、检测机构实施监督检查。开展监督检查前，应当确定针对性的监督检查项目和内容。

第三章 监督检查程序

第十九条 市场监督管理部门实施监督检查时，应当有二名以上检查人员参加，出示有效的特种设备安全行政执法证件，并说明检查的任务来源、依据、内容、要求等。

市场监督管理部门根据需要可以委托相关具有公益类事业单位法人资格的特种设备检验机构提供监督检查的技术支持和服务，或者邀请相关专业技术人员参加监督检查。

第二十条 特种设备生产、经营、使用单位和检验、检测机构及其人员应当积极配合市场监督管理部门依法实施的特种设备安全监督检查。

特种设备生产、经营、使用单位和检验、检测机构应当按照专项监督检查工作方案的要求开展自查自纠。

第二十一条 检查人员应当对监督检查的基本情况、发现的问题及处理措施等作出记录，并由检查人员和被检查单位的有关负责人在监督检查记录上签字确认。

第二十二条 检查人员可以根据监督检查情况，要求被检查单位提供相关材料。被检查单位应当如实提供，并在提供的材料上签名或者盖章。当场无法提供材料的，应当在检查人员通知的期限内提供。

第二十三条 市场监督管理部门在监督检查中，发现违反特种设备安全法律法规和安全技术规范的行为或者特种设备存在事故隐患的，应当依法发出特种设备安全监察指令，或者交由属地市场监督管理部门依法发出特种设备安全监察指令，责令被检查单位限期采取措施予以改正或者消除事故隐患。

市场监督管理部门发现重大违法行为或者特种设备存在严重事故隐患的，应当责令被检查单位立即停止违法行为、采取措施消除事故隐患。

第二十四条 本办法所称重大违法行为包括以下情形：

（一）未经许可，擅自从事特种设备生产、电梯维护保养、移动式压力容器充装或者气瓶充装活动的；

（二）未经核准，擅自从事特种设备检验、检测的；

（三）特种设备生产单位生产、销售、交付国家明令淘汰的特种设备，或者涂改、倒卖、出租、出借生产许可证的；

（四）特种设备经营单位销售、出租未取得许可生产、未经检验或者检验不合格、国家明令淘汰、已经报废的特种设备的；

（五）谎报或者瞒报特种设备事故的；

（六）检验、检测机构和人员出具虚假或者严重失实的检验、检测结果和鉴定结论的；

（七）被检查单位对严重事故隐患不予整改或者消除的；

（八）法律、行政法规和部门规章规定的其他重大违法行为。

第二十五条 特种设备存在严重事故隐患包括以下情形：

（一）特种设备未取得许可生产、国家明令淘汰、已经报废或者达到报废条件，继续使用的；

（二）特种设备未经监督检验或者经检验、检测不合格，继续使用的；

（三）特种设备安全附件、安全保护装置缺失或者失灵，继续使用的；

（四）特种设备发生过事故或者有明显故障，未对其进行全面检查、消除事故隐患，继续使用的；

（五）特种设备超过规定参数、使用范围使用的；

（六）市场监督管理部门认为属于严重事故隐患的其他情形。

第二十六条 市场监督管理部门在监督检查中，对有证据表明不符合安全技术规范要求、存在严重事故隐患、流入市场的达到报废条件或者已经报废的特种设备，应当依法实施查封、扣押。

当场能够整改的，可以不予查封、扣押。

第二十七条 监督检查中，被检查单位的有关负责人拒绝在特种设备安全监督检查记录或者相关文书上签字或者以其他方式确认的，检查人员应当在记录或者文书上注明情况，并采取拍照、录音、录像等方式记录，必要时可以邀请有关人员作为见证人。

被检查单位拒绝签收特种设备安全监察指令的，按照市场监督管理送达行政执法文书的有关规定执行，情节严重的，按照拒不执行特种设备安全监察指令予以处理。

第二十八条 被检查单位停产、停业或者确有其他无法实施监督检查情形的，检查人员可以终止监督检查，并记录相关情况。

第二十九条 被检查单位应当根据特种设备安全监察指令，在规定时间内予以改正，消除事故隐患，并提交整改报告。

市场监督管理部门应当在被检查单位提交整改报告后十个工作日内，对整改情况进行复查。复查可以通过现场检查、材料核查等方式实施。

采用现场检查进行复查的，复查程序适用本办法。

第三十条　发现重大违法行为或者严重事故隐患的，实施检查的市场监督管理部门应当及时报告上一级市场监督管理部门。

市场监督管理部门接到报告后，应当采取必要措施，及时予以处理。

第三十一条　监督检查中对拒绝接受检查、重大违法行为和严重事故隐患的处理，需要属地人民政府和有关部门支持、配合的，市场监督管理部门应当及时以书面形式报告属地人民政府或者通报有关部门，并提出相关安全监管建议。

接到报告或者通报的人民政府和其他有关部门依法采取必要措施及时处理时，市场监督管理部门应当积极予以配合。

第三十二条　特种设备安全行政处罚由违法行为发生地的县级以上市场监督管理部门实施。

违法行为发生地的县级以上市场监督管理部门依法吊销特种设备检验、检测人员及安全管理和作业人员行政许可的，应当将行政处罚决定抄送发证机关，由发证机关办理注销手续。

违法行为发生地的县级以上市场监督管理部门案件办理过程中，发现依法应当吊销特种设备生产、充装单位和特种设备检验、检测机构行政许可的，应当在作出相关行政处罚决定后，将涉及吊销许可证的违法行为证据材料移送发证机关，由发证机关依法予以吊销。

发现依法应当撤销许可的违法行为的，实施监督检查的市场监督管理部门应当及时向发证机关通报，并随附相关证据材料，由发证机关依法予以撤销。

第四章　法　律　责　任

第三十三条　违反本办法的规定，特种设备有关法律法规已有法律责任规定的，依照相关规定处理；有关法律法规以及本办法其他条款没有规定法律责任的，责令限期改正；涉嫌构成犯罪，依法需要追究刑事责任的，按照有关规定移送公安机关、监察机关。

第三十四条　被检查单位无正当理由拒绝检查人员进入特种设备生产、经营、使用、检验、检测场所检查，不予配合或者拖延、阻碍监督检查正常开展的，按照《中华人民共和国特种设备安全法》第九十五条规定予以处理。构成违反治安管理行为的，移送公安机关，由公安机关依法给予治安管理处罚。

第三十五条　被检查单位未按要求进行自查自纠的，责令限期改正；逾期未改正的，处五千元以上三万元以下罚款。

被检查单位在检查中隐匿证据、提供虚假材料或者未在通知的期限内提供有关材料的，责令限期改正；逾期未改正的，处一万元以上十万元以下罚款。

第三十六条　特种设备生产、经营、使用单位和检验、检测机构违反本办法第二十九条第一款，拒不执行特种设备安全监察指令的，处五千元以上十万元以下罚款；情节严重的，处十万元以上二十万元以下罚款。

第三十七条　特种设备安全监督检查人员在监督检查中未依法履行职责，需要承担行政执法过错责任的，按照有关法律法规及《市场监督管理行政执法责任制规定》的有关规定执行。

市场监督管理部门及其工作人员在特种设备安全监督检查中涉嫌违纪违法的，移送纪检监察机关依法给予党纪政务处分；涉嫌犯罪的，移送监察机关、司法机关依法处理。

第五章　附　　则

第三十八条　特种设备安全监督检查人员履职所需装备按照市场监督管理基层执法装备配备的有关要求执行。

第三十九条　特种设备安全监督检查文书格式由国家市场监督管理总局制定。

第四十条　本办法自 2022 年 7 月 1 日起施行。

特种设备事故隐患分类分级

T/CPASE GT 007—2019

1 范围

本标准规定了特种设备事故隐患目录及其分类分级的方法。

本标准适用于对使用过程的特种设备事故隐患进行分类和分级。

2 规范性引用文件

下列文件对于本文件的应用是必不可少的。凡是注日期的引用文件，仅注日期的版本适用于本文件。凡是不注日期的引用文件，其最新版本（包括所有的修改单）适用于本文件。

TSG 08　特种设备使用管理规则

国家质检总局公告 2015 年第 5 号　特种设备现场安全监督检查规则

GB/T 34346—2017　基于风险的油气管道安全隐患分级导则

3 术语和定义

特种设备使用管理规则（TSG 08）规定的以及下列术语和定义适用于本标准。

3.1 特种设备事故隐患　special equipment accident potential

特种设备使用单位违反相关法律、法规、规章、安全技术规范、标准、风险管控和特种设备管理制度的行为；或者风险管控缺失、失效；或者因其他因素导致在特种设备使用中存在可能引发事故的设备不安全状态，人的不安全行为，管理和环境上的缺陷等。

3.2 特种设备事故隐患分类　classification of special equipment accident potential

根据特种设备隐患产生的直接原因确定的隐患类别。

3.3 特种设备事故隐患分级　grading of special equipment accident potential

根据特种设备隐患的严重程度确定的隐患级别。

3.4 特种设备事故隐患目录　special equipment accident potential catalogue

根据《特种设备安全法》《特种设备安全监察条例》等法律法规对特种设备使用过程中存在隐患的统一描述和说明。

4　特种设备事故隐患分类分级

4.1　总则

特种设备事故隐患根据《特种设备安全法》《特种设备安全监察条例》等法律法规要求实施分类分级管理。

4.2　特种设备事故隐患分类

4.2.1　特种设备事故隐患分为管理类隐患、人员类隐患、设备类隐患、环境类隐患4个类别。

4.2.2　因管理缺失所产生的隐患为管理类隐患（代号：G）。

4.2.3　因人员自身或人为因素所产生的隐患为人员类隐患（代号：R）。

4.2.4　因特种设备及其安全附件、安全保护装置缺陷、缺失或失效所导致的隐患为设备类隐患（代号：S）。

4.2.5　因特种设备使用环境变化导致的隐患为环境类隐患（代号：H）。

4.3　特种设备事故隐患分级

4.3.1　按隐患严重程度分为严重事故隐患、较大事故隐患、一般事故隐患3个级别。

4.3.2　存在下列情况之一的为严重事故隐患。

4.3.2.1　违反特种设备法律、法规，应依法责令改正并处罚款的行为。

4.3.2.2 违反特种设备安全技术规范及相关标准，可能导致重大和特别重大事故的隐患。

4.3.2.3 风险管控缺失、失效，可能导致重大和特别重大事故的隐患。

4.3.2.4 危害和整改难度较大，应当全部或者局部停产停业，并经过一定时间整改治理方能排除的隐患。

4.3.2.5 因外部因素影响致使使用单位自身难以排除的隐患。

4.3.3 存在下列情况之一的为较大事故隐患。

4.3.3.1 违反特种设备法律、法规，特种设备安全监管部门依法责令限期改正，逾期未改的，责令停产停业整顿并处罚款行为。

4.3.3.2 违反特种设备安全技术规范及相关标准，可能导致较大事故的隐患。

4.3.3.3 风险管控缺失或失效，可能导致较大事故的隐患。

4.3.4 除上述严重、较大隐患外的其他特种设备事故隐患均为一般事故隐患，包括但不限于以下情况。

4.3.4.1 违反使用单位内部管理制度的行为或状态。

4.3.4.2 风险易于管控，整改难度较小，发现后能够立即整改排除的隐患。

4.3.5 特种设备事故隐患分级应遵循以下原则：

——公众聚集场所的隐患，应根据实际情况适当提高隐患级别；

——对于可能造成环境危害的隐患，应根据实际情况适当提高隐患级别；

——对油气管道隐患，其隐患分级还应符合 GB/T 34346 等的要求；

——特种设备使用单位可以根据本单位实际情况提高隐患级别，但不能降低本标准规定的隐患级别。

5 特种设备事故隐患目录

5.1 特种设备严重事故隐患、较大事故隐患目录及其分类分级分别见附录 A、附录 B。

5.2 特种设备一般事故隐患目录由使用单位结合本单位安全管理和风险管控要求自行建立并逐步完善。

5.3 当一个隐患同时满足本标准的不同条款时，按隐患目录最直接的表述归类。

5.4 符合下述条件之一的特种设备使用单位应制定或细化隐患目录，并建立与本目录的对应关系。

——按《特种设备使用管理规则》应设置特种设备安全管理机构或配备专职安全管理员的；

——使用风险较高行业的（见注）；

——使用重点特种设备的；

——使用环境会给特种设备安全带来较大影响的。

注：如金属冶金、港口码头、物流仓储、气体充装、液氨制冷、石油化工等行业。

附 录 A

（规范性附录）

特种设备严重事故隐患

序号	隐患类别	隐患目录
1	设备类（S）	在用的特种设备是未取得许可进行设计、制造、安装、改造、重大修理的
2		在用的特种设备是未经检验或检验不合格的（使用资料不符合安全技术规范导致检验不合格的电梯除外）
3		在用的特种设备是国家明令淘汰的
4		在用的特种设备是已经报废的
5		在用特种设备存在必须停用修理的超标缺陷
6		特种设备存在严重事故隐患无改造、修理价值，或者达到安全技术规范规定的其他报废条件，未依法履行报废义务，并办理使用登记证书注销手续的
7		在用特种设备超过规定参数、使用范围使用的
8		特种设备或者其主要部件不符合安全技术规范，包括安全附件、安全保护装置等缺少、失效或失灵
9		将非承压锅炉、非压力容器作为承压锅炉、压力容器使用或热水锅炉改为蒸汽锅炉使用的
10		在用特种设备是已被召回的（含生产单位主动召回、政府相关部门强制召回）
11	管理类（G）	特种设备出现故障或者发生异常情况，未对其进行全面检查、消除事故隐患，继续使用的
12		使用被责令整改而未予整改的特种设备
13		特种设备发生事故不予报告而继续使用的
14		未经许可，擅自从事移动式压力容器或者气瓶充装活动的
15		对不符合安全技术规范要求的移动式压力容器和气瓶进行充装的
16		气瓶、移动式压力容器充装单位未按照规定实施充装前后检查的
17		电梯使用单位委托不具备资质的单位承担电梯维护保养工作的

注：1. 由环境因素导致的上述隐患也可归为环境类隐患；
    2. 其他环境类隐患的目录和级别，可由使用单位、监管部门根据其危害程度确定。

附 录 B

（规范性附录）

特种设备较大事故隐患

序号	隐患类别	隐患目录
1	设备类（S）	气瓶、移动式压力容器充装用计量器具的选型、规格及检定不符合有关安全技术规范及相应标准规定
2		电梯轿厢的装修不符合电梯安全技术规范及相关标准要求
3	管理类（G）	在用特种设备未按照规定办理使用登记
4		未建立特种设备安全技术档案或者安全技术档案不符合规定要求
5		未配备特种设备安全管理负责人；未建立岗位责任、隐患治理等管理制度和操作规程；未制定特种设备事故应急专项预案，并定期进行应急演练
6		未依法设置特种设备使用标志
7		未对使用的特种设备进行经常性维护保养和定期自行检查，或者未对使用的特种设备的安全附件、安全保护装置等进行定期校验、检修，并作出记录
8		未按照安全技术规范的要求及时申报并接受检验
9		特种设备运营使用单位未按规定设置特种设备安全管理机构，配备专职或兼职的特种设备安全管理人员
10		气瓶、移动式压力容器充装前后检查无记录
11		客运索道、大型游乐设施每日投入使用前，未进行试运行和例行安全检查，未对安全附件和安全保护装置进行检查确认
12		未将电梯、客运索道、大型游乐设施、机械式停车设备等的安全使用说明、安全注意事项和警示标志置于易于为使用者注意的显著位置
13		未按照安全技术规范的要求进行锅炉水（介）质处理
14		对安全状况等级为3级压力管道、4级固定式压力容器和检验结论为基本符合要求的锅炉未制定监控措施或措施不到位仍在使用
15	人员类（R）	特种设备管理人员、作业人员等无证上岗
16		特种设备管理人员、作业人员未经安全教育和技能培训
17		管理人员、作业人员违反操作规程
注：1. 由环境因素导致的上述隐患也可归为环境类隐患； 　　2. 其他环境类隐患的目录和级别，可由使用单位、监管部门根据其危害程度确定。		

工业和信息化部办公厅关于印发《民用爆炸物品行业重大事故隐患判定标准（试行）》的通知

工信厅安全函〔2023〕337号

各省、自治区、直辖市及新疆生产建设兵团民爆行业主管部门：

为准确判定、及时整改民用爆炸物品行业重大生产安全事故隐患，有效防范遏制重特大生产安全事故，依据《中华人民共和国安全生产法》和《民用爆炸物品安全管理条例》等法律法规，工业和信息化部制定了《民用爆炸物品行业重大事故隐患判定标准（试行）》，现印发给你们，请遵照执行。

工业和信息化部办公厅

2023年12月1日

民用爆炸物品行业重大事故隐患判定标准（试行）

依据有关法律法规、部门规章和国家标准，以下情形应当判定为重大事故隐患：

一、营业执照、生产许可证、安全生产许可证未依法取得或超过有效期限，安全评价结论为不合格的。

二、未建立安全管理机构、未配备安全管理人员、未配备注册安全工程师的。

三、主要负责人、安全生产管理人员未依法经考核合格、特种作业人员未持证上岗的。

四、超过许可数量或品种、超过规定时间作业、超过规定储存量、超过定员人数组织生产经营的。

五、管理严重缺失、安全防护及控制保护设施失效可能导致本单元或更大范围安全失控的。

六、因外部因素影响致使生产经营单位自身难以排除且构成重大风险的。

七、未经设计擅自改变危险性建（构）筑物用途从事危险性作业的。

八、危险工（库）房防爆、防火、防雷设备设施缺失的。

九、使用明令禁止或者淘汰设备、工艺的；民爆专用设备未经安全性论证擅自更改、改变用途的。

十、新研制的民爆专用设备未履行规定程序即投入生产使用的。

十一、危险性建（构）筑物内部距离或外部距离不能满足 GB 50089 要求的。

十二、库房和仓库储存性质不明危险品或同库存储危险品不符合 GB 50089 规定的。

十三、利用现场混装炸药地面站设备设施生产包装型工业炸药的。

十四、生产区、总库区和危险品建筑物未经过具有专业甲级（民爆器材工程、防化）或综合甲级设计资质单位设计的。

十五、新改扩建项目未经主管部门组织设计安全审查（或设计评审）、未经试生产运行或未经过验收即投入正式生产的。

十六、未履行规定程序要求擅自销爆拆除民爆生产线、设备设施的，或报废半年后仍未实施销爆处理的。

十七、未建立和落实风险分级管控和隐患排查治理体系的。

十八、法律、法规、标准和规范明确的其他属于重大安全隐患的情形。

船舶行业重大生产安全事故隐患
判定标准

CB/T 4501—2019

1 范围

本标准规定了船舶行业企事业单位（简称企业）重大生产安全事故隐患判定通则、重大生产安全事故隐患直接判定标准和重大生产安全事故隐患综合判定标准等内容。

本标准适用于船舶行业重大生产安全事故隐患的判定管理。

2 规范性引用文件

下列文件对于本文件的应用是必不可少的。凡是注日期的引用文件，仅注明日期的版本适用于本文件。凡是不注日期的引用文件，其最新版本（包括所有的修改单）适用于本文件。

GB 15603　常用化学危险品贮存通则

GB 26860　电业安全工作规程：发电厂和变电站电气部分

GB 50016　建筑设计防火规范

GB 50028　城镇燃气设计规范

GB 50029　压缩空气站设计规范

GB 50030　氧气站设计规范

GB 50031　乙炔站设计规范

GB 50057　建筑物防雷设计规范

GB 50059　35 kV ~ 110 kV 变电站设计规范

GB 50140　建筑灭火器配置设计规范

GB 50156　　汽车加油加气站设计与施工规范

GB 50229　　火力发电厂与变电所设计防火规范

GB 50494　　城镇燃气技术规范

GB 50720　　建设工程施工现场消防安全技术规范

CB 3381　　船舶涂装作业安全规程

CB 3660　　船厂起重作业安全要求

CB 3785　　船舶修造企业高处作业安全规程

CB 3786　　船厂电气作业安全要求

CB 4204　　船用脚手架安全要求

CB 4270　　船舶修造企业明火安全规程

CB 4286　　高空作业车安全技术要求

CB 4288　　船厂起重设备安全技术要求

CB/T 4297　　船舶行业企业放射性检验作业安全管理规定

TSG 21　　固定式压力容器安全技术监察规程

JB/T 8856　　溶解乙炔设备

《安全生产事故隐患排查治理暂行规定》　国家安全生产监督管理总局令 2007 年 12 月 28 日发布　第 16 号　2015 年 5 月 27 日　国家安全生产监督管理总局令　第 79 号修正

《建设项目安全设施"三同时"监督管理办法》　国家安全生产监督管理总局令　2010 年 12 月 24 日发布　第 36 号　2015 年 4 月 2 日　国家安全生产监督管理总局令　第 77 号修正

《建设项目职业病防护设施"三同时"监督管理办法》　国家安全生产监督管理总局令　2017 年 3 月 9 日发布　第 90 号

《化工和危险化学品生产经营单位重大生产安全事故隐患判定标准(试行)》安监总管三〔2017〕2017 年 11 月 13 日　第 121 号

《消防重点单位微型消防站建设标准》　中华人民共和国公安部消防局 2015 年 11 月 11 日发布　第 301 号

3　术语和定义

下列术语和定义适用于本文件。

3.1 重大生产安全事故隐患 major hidden danger of safety incidents

事故后果严重造成人员死亡、财产损失且整改难度较大，应当全部或者局部停产停业，并经过一定时间整改治理方能排除的隐患，或者因外部因素影响致使生产经营单位自身难以排除的隐患。

4 重大生产安全事故隐患判定通则

4.1 重大生产安全事故隐患判定依据

重大生产安全事故隐患判定依据主要包含以下几个方面：

a) 国家发布的法律法规；

b) 国家政府主管部门颁布的部门规章；

c) 国家级标准、规范；

d) 行业级标准、规范；

e) 地方省级人大及政府发布的法规、规章；

f) 国际公约；

g) 各类设计规范；

h) 事故隐患可能造成人身伤亡和财产损失的严重程度。

4.2 重大生产安全事故隐患判定方法

4.2.1 重大生产安全事故隐患应采用直接判定法或综合判定法进行定性判定。

4.2.2 同一次隐患排查过程中，符合重大生产安全事故隐患直接判定标准中任意一项隐患内容的，可判定为重大生产安全事故隐患。

4.2.3 同一次隐患排查过程中，符合重大生产安全事故隐患综合判定标准中重大生产安全事故隐患判据的，可判定为重大生产安全事故隐患。

4.2.4 隐患内容从人的因素、物的因素、环境因素、管理因素四个方面进行判定。

4.3 重大生产安全事故隐患编号方法

4.3.1 重大生产安全事故隐患编号格式见图1：

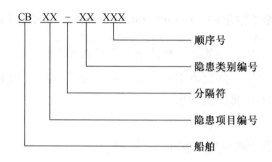

图 1　重大生产安全事故隐患编号格式

4.3.2 重大生产安全事故隐患编号原则如下：

a)　顺序号——从 001 开始，顺序增加；

b)　隐患类别编号——各类隐患拼音的缩写，见表 1；

c)　分隔符——区分隐患类别与隐患项目；

d)　隐患项目编号——隐患种类的缩写，见表 1；

e)　船舶——船舶行业的缩写。

表 1　隐患项目编号和隐患类别编号

隐患项目	隐患项目编号	隐患类别	隐患编号
建设项目	CBJS	基础管理	JC
		安全设施管理	AQ
		职业病防护设施管理	ZY
总平面布置	CBPM	消防管理	XF
重点场所	CBCS	乙炔站	YQ
		氧气站	YQ_1
		危险化学品存放场所	WH
		变配电站	BP
		压缩空气站	YS
		燃气站	RQ
		加油站	JY
		探伤室	TS
重点设备	CBSB	压力容器	RQ
		起重设备	QZ

隐患项目	隐患项目编号	隐患类别	隐患编号
明火作业	CBMH	基本条件	JB
		隐患内容	YH
涂装作业	CBTZ	基本条件	JB
		隐患内容	YH
有限空间作业	CBYX	基本条件	JB
		隐患内容	YH
高处作业	CBGC	基本条件	JB
		隐患内容	YH
起重作业	CBQZ	基本条件	JB
		隐患内容	YH
电气作业	CBDQ	基本条件	JB
		隐患内容	YH

5 重大生产安全事故隐患直接判定标准

船舶行业建设项目重大生产安全事故隐患直接判定标准见表2。

表 2 船舶行业建设项目重大生产安全事故隐患直接判定标准

隐患项目	隐患类别	隐患编号	隐患内容	参考
建设项目	基础管理	CBJS－JC001	建设项目无审批、无核准或无备案文件	《建设项目安全设施"三同时"监督管理办法》
	安全设施管理	CBJS－AQ001	企业未对安全生产条件和设施进行综合分析，且未形成书面报告	
		CBJS－AQ002	企业在建设项目初步设计时，未委托有相应资质的设计单位对建设项目安全设施同时进行设计，且未编制安全设施设计	
		CBJS－AQ003	企业未组织对建设项目安全设施设计进行审查，且未形成书面报告	
		CBJS－AQ004	建设项目安全设施的施工由未取得相应资质的施工单位进行，且未与建设项目主体工程同时施工	
		CBJS－AQ005	建设项目安全设施建成后，企业未对安全设施进行检查，或安全设施检查后未对发现的问题及时整改	
		CBJS－AQ006	建设项目竣工投入生产或者使用前，企业未组织对安全设施进行竣工验收，且未形成书面报告，或安全设施竣工验收不合格，即投入生产或使用	

隐患项目	隐患类别	隐患编号	隐患内容	参考
建设项目	职业病防护设施管理	CBJS－ZY001	对可能产生职业病危害的建设项目，建设单位未在建设项目可行性论证阶段委托有相应资质的单位进行职业病危害预评价，且未编制预评价报告	《建设项目职业病防护设施"三同时"监督管理办法》
		CBJS－ZY002	建设项目职业病危害预评价报告不符合职业病防治有关法律、法规、规章和标准的要求或报告内容不全	
		CBJS－ZY003	职业病危害预评价报告编制完成后，建设单位未根据职业病危害等级对职业病危害预评价报告进行评审，且未形成评审意见；或未按照评审意见对职业病危害预评价报告进行修改完善；或职业病危害预评价工作过程未形成书面报告	
		CBJS－ZY004	建设项目职业病危害预评价报告未通过评审	
		CBJS－ZY005	建设项目职业病危害预评价报告通过评审后，建设项目的生产规模、工艺等发生变更导致职业病危害风险发生重大变化的，建设单位未对变更内容重新进行职业病危害预评价和评审	
		CBJS－ZY006	存在职业病危害的建设项目，建设单位未在施工前按照职业病防治有关法律、法规、规章和标准的要求，进行职业病防护设施设计	
		CBJS－ZY007	建设项目职业病防护设施设计内容不全	
		CBJS－ZY008	职业病防护设施设计完成后，建设单位未根据职业病危害等级对职业病防护设施设计进行评审，且未形成评审意见；或未按照评审意见对职业病防护设施设计进行修改完善；或职业病防护设施设计工作过程未形成书面报告	
		CBJS－ZY009	建设项目职业病防护设施设计未通过评审	
		CBJS－ZY010	建设单位未按照评审通过的设计和有关规定组织职业病防护设施的采购和施工	
		CBJS－ZY011	建设项目职业病防护设施设计在完成评审后，建设项目的生产规模、工艺等发生变更导致职业病危害风险发生重大变化的，建设单位未对变更的内容重新进行职业病防护设施设计和评审	
		CBJS－ZY012	建设项目投入生产或者使用前，建设单位未依照职业病防治有关法律、法规、规章和标准要求，采取相应职业病危害防治管理措施	

隐患项目	隐患类别	隐患编号	隐患内容	参考
建设项目	职业病防护设施管理	CBJS – ZY013	建设项目在竣工验收前或者试运行期间,建设单位未进行职业病危害控制效果评价,且未编制评价报告;或建设项目职业病危害控制效果评价报告不符合职业病防治有关法律、法规、规章和标准的要求;或职业病危害控制效果评价报告内容不全	《建设项目职业病防护设施"三同时"监督管理办法》
		CBJS – ZY014	建设单位在职业病防护设施验收前,未编制验收方案;或验收方案不全;或职业病防护设施验收前 20 日未将验收方案向管辖该建设项目的安全生产监督管理部门进行书面报告	
		CBJS – ZY015	建设单位未根据职业病危害等级对职业病危害控制效果评价报告进行评审、未对职业病防护设施进行验收,且未形成评审意见和验收意见;或未按照评审意见和验收意见对职业病危害控制效果评价报告和职业病防护设施进行整改完善;或职业病危害控制效果评价和职业病防护设施验收工作过程未形成书面报告;或职业病危害严重的建设项目未在验收完成之日起 20 日内向管辖该建设项目的安全生产监督管理部门提交书面报告	
		CBJS – ZY016	建设项目职业病危害控制效果评价报告未通过评审,或职业病防护设施未通过验收,即投入生产或者使用	

6 重大生产安全事故隐患综合判定标准

6.1 船舶行业作业场所重大生产安全事故隐患综合判定标准

船舶行业作业场所重大生产安全事故隐患综合判定标准见表3。

表 3 船舶行业作业场所重大生产安全事故隐患综合判定标准

隐患项目	隐患类别	隐患编号	隐患内容	参考		重大生产安全事故隐患判据
总平面布置	消防管理	CBPM – XF001	厂房、仓库、建设工程施工现场临时性用房或用作人员密集场所的临时性建筑等建筑构建耐火等级及夹芯材料燃烧性能不符合标准要求	1	GB 50016	同一次隐患排查过程中,企业发现任意三项隐患内容的,判定为重大生产安全事故隐患
				2	GB 50720	

表3（续）

隐患项目	隐患类别	隐患编号	隐患内容	参考	重大生产安全事故隐患判据
总平面布置	消防管理	CBPM – XF002	甲类、乙类、丙类液体储罐（区），可燃、助燃气体储罐（区），厂房和仓库的防火间距不符合标准要求	GB 50016	同一次隐患排查过程中，企业发现任意三项隐患内容的，判定为重大生产安全事故隐患
		CBPM – XF003	有爆炸危险的厂房和仓库不符合防爆要求		
		CBPM – XF004	厂房和仓库的安全疏散不符合标准要求		
		CBPM – XF005	甲类、乙类、丙类液体储罐（区），可燃、助燃气体储罐（区），未与装卸区、辅助生产区以及办公区分开布置		
		CBPM – XF006	甲类、乙类、丙类液体储罐区和可燃气体储罐区，消防车道不符合标准要求		
		CBPM – XF007	架空电力线路与甲类、乙类厂房（仓库），甲类、乙类液体储罐，可燃、助燃气体储罐的最近水平距离不符合标准要求		
		CBPM – XF008	设有消防控制室的消防重点单位（除已建立专职消防队的重点单位外），未建立微型消防站	《消防重点单位微型消防站建设标准》（公消〔2015〕301号）	
重点场所	乙炔站	CBCS – YQ001	有爆炸危险的生产间围护结构的门、窗未向外开启	GB 50031	同一次隐患排查过程中，企业发现任意三项隐患内容的，判定为重大生产安全事故隐患
		CBCS – YQ002	有爆炸危险的生产间与无爆炸危险的生产间或房间的隔墙上有管道穿过时，未在穿墙处用非燃烧材料密封填塞		
		CBCS – YQ003	乙炔管、乙炔汇流排无导除静电的接地装置，或接地电阻大于10 Ω		
		CBCS – YQ004	乙炔汇流排间、空瓶间、实瓶间、贮罐间等1区爆炸危险区未设乙炔可燃气体测爆仪，且测报仪未与通风机联锁		

隐患项目	隐患类别	隐患编号	隐患内容	参考	重大生产安全事故隐患判据
重点场所	乙炔站	CBCS – YQ005	乙炔管道无导除静电的接地装置；当每对法兰或螺纹接头间电阻值超过 0.03 Ω 时，无跨接导线	GB 50031	同一次隐患排查过程中，企业发现任意三项隐患内容的，判定为重大生产安全事故隐患
		CBCS – YQ006	每个焊炬、割炬或淬火炬未设单独的岗位回火防止器；回火防止器设保护箱时未采用通风良好的保护箱		
		CBCS – YQ007	压力为 0.02 MPa 以上至 0.15 MPa 的车间乙炔管道进口处未设中央回火防止器		
		CBCS – YQ008	乙炔汇流排各部位的阻火器和阀件等的设置不符合 JB/T 8856 的标准要求；或乙炔汇流排通向用户的输气总管上未设置安全水封或阻火器	JB/T 8856	
		CBCS – YQ009	有爆炸危险的生产间未设置泄压面积，或泄压面积和泄压设施不符合 GB 50016 的要求	GB 50016	
		CBCS – YQ010	乙炔站、乙炔汇流排间和露天设置的贮罐的防雷设计不符合现行国家标准 GB 50057 的要求	GB 50057	
	氧气站	CBCS – YQ₁001	积聚液氧、液体空气的各类设备、氧气压缩机、氧气灌充台和氧气管道未设导除静电的接地装置，或接地电阻大于 10 Ω	1 GB 50030 2 GB 50057	同一次隐患排查过程中，企业发现任意三项隐患内容的，判定为重大生产安全事故隐患
		CBCS – YQ₁002	进入用户车间的氧气主管在车间入口处未装设切断阀、压力表，或未在适当位置设置放散管		
		CBCS – YQ₁003	氧气管道设置的导除静电接地装置不符合标准要求		
		CBCS – YQ₁004	氧气站和露天布置的氧气贮罐、液氧贮罐等的防雷设计不符合现行国家标准 GB 50057 的要求		

表 3（续）

隐患项目	隐患类别	隐患编号	隐患内容	参考	重大生产安全事故隐患判据
重点场所	危险化学品存放场所	CBCS－WH001	危险化学品库房（临时存放场所）未设置可燃气体报警装置	1　GB 15603 2　《化工和危险化学品生产经营单位重大生产安全事故隐患判定标准（试行）》	同一次隐患排查过程中，企业发现任意三项隐患内容的，判定为重大生产安全事故隐患
		CBCS－WH002	危险化学品库房（临时存放场所）未使用防爆电气设备设施或电气设备设施未接地		
		CBCS－WH003	危险化学品库房（临时存放场所）超量或超品种储存危险化学品，或相互禁配物质混放混存		
		CBCS－WH004	危险化学品库房（临时存放场所）防雷设备设施未定期检测		
		CBCS－WH005	危险化学品库房（临时存放场所）未安装通风设备或通排风系统未设导除静电的接地装置		
		CBCS－WH006	有毒物品未贮存在阴凉、通风、干燥的场所，或露天存放或接近酸类物质存放		
		CBCS－WH007	腐蚀性物品包装不严，存在泄漏风险，或与液化气体和其他物品共存		
		CBCS－WH008	进入化学危险品贮存区域的人员、机动车辆和作业车辆未采取防火措施		
		CBCS－WH009	化学危险品建筑未安装自动监测和火灾报警系统		
		CBCS－WH010	化学危险品贮存区内堆积可燃废弃物品		
		CBCS－WH011	危险化学品库房（临时存放场所）消防器材数量不足、选型不正确		

表 3（续）

隐患项目	隐患类别	隐患编号	隐患内容	参考	重大生产安全事故隐患判据
重点场所	变配电站	CBCS – BP001	站区和房内的消防、避雷、接地系统未按规定定期进行检验	1 GB 50059 2 GB 26860 3 GB 50029	同一次隐患排查过程中，企业发现任意三项隐患内容的，判定为重大生产安全事故隐患
		CBCS – BP002	电气设备的绝缘有破损、过热、膨胀变形、放电痕迹		
		CBCS – BP003	变压器、高压开关柜、低压开关柜操作面地面未铺设绝缘（胶）垫		
		CBCS – BP004	未按 GB 26860 的规定配备安全工器具和防护用品，或安全工器具和防护用品未定期检测		
		CBCS – BP005	变电站主变压器等各种带油电气设备及建筑物未配备适当数量的移动式灭火器		
		CBCS – BP006	变压器室、电容器室、蓄电池室、电缆夹层、配电装置室以及其他有充油电气设备房间的门未向疏散方向开启		
		CBCS – BP007	电缆从室外进入室内的入口处与电缆竖井的出、入口处，以及控制室与电缆层之间未采取防止电缆火灾蔓延的阻燃及分隔的措施		
		CBCS – BP008	变电站的六氟化硫开关室未设置机械排风设施		
		CBCS – BP009	建筑面积超过 250 m^2 的主控通信室、配电装置室、电缆夹层，其疏散出口不易少于两个，楼层的第二个出口可设在固定楼梯的室外平台处。当配电装置室的长度超过 60 m 时，应增设一个中间疏散出口		

表 3（续）

隐患项目	隐患类别	隐患编号	隐患内容	参考	重大生产安全事故隐患判据
重点场所	压缩空气站	CBCS－YS001	报警信号和自动保护控制装置的装设不符合 CB 50029 的相关规定	GB 50029	同一次隐患排查过程中，企业发现任意三项隐患内容的，判定为重大生产安全事故隐患
		CBCS－YS002	控制室和空气压缩机旁均未设置紧急停车按钮		
		CBCS－YS003	储气罐未装设安全阀或安全阀未定期检验		
		CBCS－YS004	储气罐与供气总管之间未装设切断阀		
		CBCS－YS005	空气压缩机的联轴器和传动部分未装设安全防护设施		
		CBCS－YS006	活塞空气压缩机、隔膜空气压缩机与储气罐之间未装设止回阀；空气压缩机与止回阀之间未设置放空管；活塞空气压缩机、隔膜空气压缩机与储气罐之间装设切断阀时，空气压缩机与切断阀之间未装设安全阀		
	燃气站	CBCS－RQ001	站内未设置消防系统且未按照 GB 50140 要求配备相应的灭火器	1 GB 50494 2 GB 50140	同一次隐患排查过程中，企业发现任意三项隐患内容的，判定为重大生产安全事故隐患
		CBCS－RQ002	液化石油气和液化天然气储罐区未设置周边封闭的不燃烧体实体防护墙		
		CBCS－RQ003	站内具有爆炸和火灾危险建（构）筑物的电气装置未确定爆炸危险区域等级和范围，且未采取相应措施		
		CBCS－RQ004	站内具有爆炸和火灾危险的建（构）筑物及露天钢质燃气储罐未采取防雷接地措施		
		CBCS－RQ005	站内可能产生静电危害的储罐、设备和管道未采取静电接地措施		
		CBCS－RQ006	站内具有燃气泄漏和爆炸危险的场所未设置可燃气体泄漏检测报警装置		
		CBCS－RQ007	站内具有爆炸危险的封闭式建筑未采取良好的通风措施	GB 50028	
		CBCS－RQ008	压缩天然气、液化石油气的管道、储罐接管及储罐等的安全阀件不符合 GB 50028 的要求		

隐患项目	隐患类别	隐患编号	隐患内容	参考	重大生产安全事故隐患判据
重点场所	加油站	CBCS－JY001	加油作业区内作业时有明火地点或散发火花地点	1　GB 50156 2　GB 50057	同一次隐患排查过程中，企业发现任意三项隐患内容的，判定为重大生产安全事故隐患
		CBCS－JY002	加油站的汽油罐和柴油罐设置在室内或地下室内		
		CBCS－JY003	油罐导除静电措施不完好		
		CBCS－JY004	油罐未设置高液位报警装置		
		CBCS－JY005	加油软管上未设置安全拉断阀		
		CBCS－JY006	油罐车卸油未采取密闭卸油方式		
		CBCS－JY007	油罐通气管管口距离地面高度不足 4 m		
		CBCS－JY008	加油站工艺设备配备的灭火器材不符合 GB 50156 要求		
		CBCS－JY009	当采用电缆沟敷设电缆时，加油站作业区内的电缆沟未充沙填实		
		CBCS－JY010	钢制油罐未进行防雷接地，或接地点少于两处		
		CBCS－JY011	加油站内防雷接地装置不符合 GB 50057 的要求		
		CBCS－JY012	在爆炸危险区域内的工艺管道上的法兰（连接螺栓少于五个）、胶管两端等连接处未采用金属线跨接		
		CBCS－JY013	加油站未设置可燃气体检测报警系统且未设置紧急切断系统		
	探伤室	CBCS－TS001	探伤室未安装门－机联锁装置和工作指示灯	CB/T 4297	同一次隐患排查过程中，企业发现任意三项隐患内容的，判定为重大生产安全事故隐患
		CBCS－TS002	探伤室未设置紧急停止按钮		
		CBCS－TS003	探伤室入口处未设置声光报警装置		
		CBCS－TS004	射线探伤室未配置固定式辐射检测系统，或固定式辐射检测系统未与门－机联锁相联系		
		CBCS－TS005	照射状态指示装置未与射线探伤装置联锁		
		CBCS－TS006	射线探伤室未与操作室分开		

6.2 船舶行业重点设备重大生产安全事故隐患综合判定标准

船舶行业重点设备重大生产安全事故隐患综合判定标准见表4。

表4 船舶行业重点设备重大生产安全事故隐患综合判定标准

隐患项目	隐患类别	隐患编号	隐患内容	参考	重大生产安全事故隐患判据
重点设备	压力容器	CBSB－RQ001	压力容器未办理使用登记	TSG 21	同一次隐患排查过程中，企业发现任意三项隐患内容的，判定为重大生产安全事故隐患
		CBSB－RQ002	压力容器本体、接口部位、焊接接头等存在裂纹、变形、过热、泄漏、腐蚀、机械接触损伤等现象		
		CBSB－RQ003	压力容器支座支撑不牢固，连接处有松动、移位、沉降、倾斜、裂纹等现象		
		CBSB－RQ004	罐体无接地装置		
		CBSB－RQ005	安全阀未在检验有效期内且铅封不完好		
		CBSB－RQ006	安装在安全阀下方的截止阀未常开且未加铅封		
		CBSB－RQ007	单独爆破片作为泄压装置时爆破片与容器间的截止阀未常开且未加铅封		
		CBSB－RQ008	对于盛装易燃介质、毒性介质的压力容器，安全阀或爆破片的排放口未装设导管，且未将排放介质引至安全地点		
		CBSB－RQ009	快开门式压力容器的安全连锁装置不完好		
		CBSB－RQ010	压力表封签损坏且超过检定有效期限		
		CBSB－RQ011	用于易燃或毒性程度为极度、高度危害介质的液位计上未装设防泄漏的保护装置		
重点设备	起重设备	CBSB－QZ001	起重设备未办理使用登记	CB 4288	同一次隐患排查过程中，企业发现任意三项隐患内容的，判定为重大生产安全事故隐患
		CBSB－QZ002	起重设备未定期检验		
		CBSB－QZ003	起重设备未根据需要设置起升高度限位器、运行行程限位器、幅度限位器、幅度指示器		

表 4（续）

隐患项目	隐患类别	隐患编号	隐患内容	参考	重大生产安全事故隐患判据
重点设备	起重设备	CBSB – QZ004	起重设备未根据需要设置起重限制器、起重力矩限制器、极限力矩限制装置	CB 4288	同一次隐患排查过程中，企业发现任意三项隐患内容的，判定为重大生产安全事故隐患
		CBSB – QZ005	户外起重设备未根据需要设置防倾翻和抗风防滑装置		
		CBSB – QZ006	起重设备未设连锁保护安全装置		
		CBSB – QZ007	起重设备主要受力构件变形、损坏		

6.3 船舶行业明火作业重大生产安全事故隐患综合判定标准

船舶行业明火作业重大生产安全事故隐患综合判定标准见表5。

表 5 船舶行业明火作业重大生产安全事故隐患综合判定标准

隐患项目	隐患类别	隐患编号	隐患内容	参考	重大生产安全事故隐患判据
明火作业	基本条件	CBMH – JB001	未办理危险作业许可审批手续	CB 4270	1 同一次隐患排查过程中，同一作业现场发现任意一项基本条件＋任意两项隐患内容的，判定为重大生产安全事故隐患； 2 同一次隐患排查过程中，不同作业现场累计发现任意两项基本条件的，判定为重大生产安全事故隐患； 3 同一次隐患排查过程中，不同作业现场累计发现任意四项隐患内容的，判定为重大生产安全事故隐患
		CBMH – JB002	重点部位明火作业现场无人监护		
		CBMH – JB003	明火作业人员未持证上岗		
		CBMH – JB004	作业现场生产调度不合理，存在与明火作业相冲突的作业，造成两种或两种以上交叉作业		
		CBMH – JB005	盛装过易燃易爆、有毒物质的各种容器或有限空间，作业前未经气体浓度检测或测量结果不合格即实施作业		
	隐患内容	CBMH – YH001	作业现场或附近存在易燃易爆物品，且未采取安全控制措施即实施作业		
		CBMH – YH002	不了解作业现场及周围情况、不了解设备设施情况盲目实施作业		
		CBMH – YH003	作业现场防火措施落实不到位		
		CBMH – YH004	焊割设备（工具）不完好或气体胶管混接（含颜色混乱）		
		CBMH – YH005	作业结束未将氧气和可燃气体胶管（割炬）带出舱外		
		CBMH – YH006	作业结束将氧气和可燃气体胶管（割炬）存入封闭工具箱		
		CBMH – YH007	使用割炬进行照明		
		CBMH – YH008	高处明火作业点火星所及范围内有易燃易爆物品		

6.4 船舶行业涂装作业重大生产安全事故隐患综合判定标准

船舶行业涂装作业重大生产安全事故隐患综合判定标准见表6。

表6 船舶行业涂装作业重大生产安全事故隐患综合判定标准

隐患项目	隐患类别	隐患编号	隐患内容	参考	重大生产安全事故隐患判据
涂装作业	基本条件	CBTZ – JB001	未办理危险作业审批手续	CB 3381	1 同一次隐患排查过程中，同一作业现场发现任意一项基本条件＋任意两项隐患内容的，判定为重大生产安全事故隐患； 2 同一次隐患排查过程中，不同作业现场累计发现任意两项基本条件的，判定为重大生产安全事故隐患； 3 同一次隐患排查过程中，不同作业现场累计发现任意四项隐患内容的，判定为重大生产安全事故隐患
		CBTZ – JB002	舱内涂装作业现场无人监护		
		CBTZ – JB003	涂装作业审批人员和气体检测技术人员未持证上岗		
		CBTZ – JB004	作业现场生产调度不合理，在涂装作业禁区内存在与涂装作业相冲突的作业，造成两种或两种以上交叉作业		
	隐患内容	CBTZ – YH001	作业现场未使用防爆的电气设备、照明设施		
		CBTZ – YH002	舱内涂装作业现场未有效通风		
		CBTZ – YH003	油漆溶剂未履行上船登记手续，剩余涂料和溶剂未带离作业现场或未放入指定回收点		
		CBTZ – YH004	作业现场违规使用可能产生静电或火花的物品		
		CBTZ – YH005	喷漆软管存在断裂、泄漏、划破、膨胀、活接头损坏等情况		
		CBTZ – YH006	喷涂作业时喷漆软管扭结或软管的不锈钢接头未包扎		
		CBTZ – YH007	调漆搅拌机、喷漆泵等设备未有效接地		

6.5 船舶行业有限空间作业重大生产安全事故隐患综合判定标准

船舶行业有限空间作业重大生产安全事故隐患综合判定标准见表7。

表7 船舶行业有限空间作业重大生产安全事故隐患综合判定标准

隐患项目	隐患类别	隐患编号	隐患内容	重大生产安全事故隐患判据
有限空间作业	基本条件	CBYX – JB001	未办理危险作业审批手续	1 同一次隐患排查过程中，同一作业现场发现任意一项基本条件＋任意两项隐患内容的，判定为重大生产安全事故隐患； 2 同一次隐患排查过程中，不同作业现场累计发现任意两项基本条件的，判定为重大生产安全事故隐患； 3 同一次隐患排查过程中，不同作业现场累计发现任意四项隐患内容的，判定为重大生产安全事故隐患
		CBYX – JB002	作业现场无人监护	
		CBYX – JB003	有限空间作业前未经气体浓度检测或测量结果不合格即实施作业	
	隐患内容	CBYX – YH001	未在作业场所设置明显安全警示标志	
		CBYX – YH002	无通风设备设施、无照明设备设施或照明设备设施未采用安全电压	
		CBYX – YH003	通风设备设施、照明设备设施的电线绝缘破损	
		CBYX – YH004	作业过程无持续有效的空气置换措施	
		CBYX – YH005	在密闭容器、设备等特殊场所内部作业时，随意关闭舱门或舱盖	

6.6 船舶行业高处作业重大生产安全事故隐患综合判定标准

船舶行业高处作业重大生产安全事故隐患综合判定标准见表8。

表8 船舶行业高处作业重大生产安全事故隐患综合判定标准

隐患项目	隐患类别	隐患编号	隐患内容	参考	重大生产安全事故隐患判据
高处作业	基本条件	CBGC – JB001	脚手架搭设、拆除作业未办理作业申请手续	1 CB 4204 2 CB 4286 3 CB 3785	1 同一次隐患排查过程中，同一作业现场发现任意一项基本条件＋任意两项隐患内容的，判定为重大生产安全事故隐患； 2 同一次隐患排查过程中，不同作业现场累计发现任意两项基本条件的，判定为重大生产安全事故隐患； 3 同一次隐患排查过程中，不同作业现场累计发现任意四项隐患内容的，判定为重大生产安全事故隐患
		CBGC – JB002	脚手架搭设完毕未经验收合格设置检验合格标识牌即实施作业		
		CBGC – JB003	脚手架搭架人员、吊篮和高空作业车操作人员未持证上岗		
		CBGC – JB004	患有职业禁忌证者或饮酒者从事高处作业		
	隐患内容	CBGC – YH001	高处作业未符合"有洞必有盖、有边必有栏，洞、边无盖无栏必有网，电梯口必有门门联锁"的规定		
		CBGC – YH002	脚手架整体结构不符合CB 4204的相关要求		

表 8（续）

隐患项目	隐患类别	隐患编号	隐患内容	参考	重大生产安全事故隐患判据
高处作业	隐患内容	CBGC – YH003	脚手架搭设（拆除）时作业区域无人监护且未设警戒区域（标识）	1 CB 4204 2 CB 4286 3 CB 3785	1 同一次隐患排查过程中，同一作业现场发现任意一项基本条件＋任意两项隐患内容的，判定为重大生产安全事故隐患； 2 同一次隐患排查过程中，不同作业现场累计发现任意两项基本条件的，判定为重大生产安全事故隐患； 3 同一次隐患排查过程中，不同作业现场累计发现任意四项隐患内容的，判定为重大生产安全事故隐患
		CBGC – YH004	船舶外挂型脚手架、船舶艏艉部线型变化较大部位、上下通道等易发生坠落部位未悬挂安全网		
		CBGC – YH005	下方没有工作平台、悬空的脚手架，下方未水平设置安全网		
		CBGC – YH006	搭架单位未定期对脚手架进行巡回检查		
		CBGC – YH007	高处作业现场照明照度不符合 CB 3785 的相关要求		
		CBGC – YH008	高空作业车或高空作业吊篮安全装置失效		
		CBGC – YH009	高空作业车平台未加装限位保险杠或限位保险杠顶部高度小于 1900 mm		

6.7 船舶行业起重作业重大生产安全事故隐患综合判定标准

船舶行业高处作业重大生产安全事故隐患综合判定标准见表 9。

表 9 船舶行业起重作业重大生产安全事故隐患综合判定标准

隐患项目	隐患类别	隐患编号	隐患内容	参考	重大生产安全事故隐患判据
起重作业	基本条件	CBQZ – JB001	重大件吊装未办理危险作业审批许可手续	CB 3660	1 同一次隐患排查过程中，同一作业现场发现任意一项基本条件＋任意两项隐患内容的，判定为重大生产安全事故隐患； 2 同一次隐患排查过程中，不同作业现场累计发现任意两项基本条件的，判定为重大生产安全事故隐患； 3 同一次隐患排查过程中，不同作业现场累计发现任意四项隐患内容的，判定为重大生产安全事故隐患
		CBQZ – JB002	起重作业相关人员未持证上岗		
		CBQZ – JB003	起重指挥信号不明，多人操作时未指定专人指挥		
		CBQZ – JB004	重大件吊装、联吊或抬吊无吊装工艺方案		

隐患项目	隐患类别	隐患编号	隐患内容	参考	重大生产安全事故隐患判据
起重作业	隐患内容	CBQZ－YH001	起重钢丝绳、吊索具未定期检查、未张贴检查标识	CB 3660	1 同一次隐患排查过程中，同一作业现场发现任意一项基本条件＋任意两项隐患内容的，判定为重大生产安全事故隐患； 2 同一次隐患排查过程中，不同作业现场累计发现任意两项基本条件的，判定为重大生产安全事故隐患； 3 同一次隐患排查过程中，不同作业现场累计发现任意四项隐患内容的，判定为重大生产安全事故隐患
		CBQZ－YH002	起重吊耳（吊码或吊环）强度和设置位置未经设计、定位，且未经专人焊接检验		
		CBQZ－YH003	违反起重作业"十不吊"的规定		
		CBQZ－YH004	钢板夹、磁性吊具的使用不符合 CB 3660 的相关要求		

注：起重作业"十不吊"：超负荷不吊；无专人指挥、重量不明、视线不清、指挥信号不明确不吊；安全装置失灵，机械设备有异声或故障不吊；捆绑、吊挂不牢或不平衡而可能滑动不吊；吊挂重物直接进行加工时未落实安全措施不吊；歪拉斜品、物件的利边快口未加衬垫不吊；易燃易爆等危险物品无安全措施不吊；物件被压住或情况不明不吊；吊物上站人或有浮动物件不吊；露天起重机遇 6 级以上大风、暴雨等恶劣天气不吊。

6.8 船舶行业电气作业重大生产安全事故隐患综合判定标准

船舶行业电气作业重大生产安全事故隐患综合判定标准见表10。

表 10 船舶行业电气作业重大生产安全事故隐患综合判定标准

隐患项目	隐患类别	隐患编号	隐患内容	参考	重大生产安全事故隐患判据
电气作业	基本条件	CBDQ－JB001	临时用电未办理危险作业审批许可手续；送变电未执行工作票制度	CB 3786	1 同一次隐患排查过程中，同一作业现场发现任意一项基本条件＋任意两项隐患内容的，判定为重大生产安全事故隐患； 2 同一次隐患排查过程中，不同作业现场累计发现任意两项基本条件的，判定为重大生产安全事故隐患； 3 同一次隐患排查过程中，不同作业现场累计发现任意四项隐患内容的，判定为重大生产安全事故隐患
		CBDQ－JB002	电气作业人员未持证上岗		
		CBDQ－JB003	带负荷进行拉闸操作或校验（修理）电气设备时未设置警示标志		
	隐患内容	CBDQ－YH001	电线接头及电气线路拆除后其线头外露且未做绝缘保护		
		CBDQ－YH002	供电箱、供电柜、用电设备、照明灯具不带电的金属部分未与供电系统的零线可靠连接		
		CBDQ－YH003	使用裸灯头及不封闭的碘钨灯作照明		
		CBDQ－YH004	手持电动工具绝缘防护损坏		
		CBDQ－YH005	上船电源线电压不小于 220 V 时，未采用绝缘完好的橡套电线，或与氧气（乙炔）皮带同道架设		
		CBDQ－YH006	电焊机无可靠的保护接地且无保护接零装置；电焊机裸露带电部分无安全防护罩		

民航安全风险分级管控和隐患排查治理双重预防工作机制管理规定

民航规〔2022〕32 号

1 目的

为贯彻落实《中华人民共和国安全生产法》（以下简称《安全生产法》），明确"安全风险分级管控和隐患排查治理双重预防工作机制"（以下简称双重预防机制）在民航安全管理体系（SMS）内的相关定义，以及基本逻辑关系、功能定位和运转流程，推动 SMS 与双重预防机制的有机融合，更加有效地防范化解安全风险。

2 适用范围

本规定适用于中华人民共和国境内依法设立的建有 SMS 的民航生产经营单位开展的安全风险分级管控和隐患排查治理工作，及民航行政机关相关监管活动。其他民航生产经营单位应作为构建安全管理等效机制的重要参考参照执行。

3 定义

危险源：可能导致民用航空器事故（以下简称"事故"）、民用航空器征候（以下简称"征候"）以及一般事件等后果的条件或者物体。（样例见附录1）

注1：区分危险源和隐患的重要性——国际民航组织在 Doc9859《安全管理手册》中使用 Hazard 代指危险源，并另外提出了"不遵守规章、政策、流程和程序的情况"，以及"防范措施"中的"弱点（weakness）"或"缺陷（deficiency）"。对比

可知，这一提法实质上符合国内关于"隐患"的定义，但 Doc9859《安全管理手册》中未在定义部分将这些定义为"隐患"，从而造成一些单位容易在危险源识别和隐患排查中出现概念混淆和记录混乱，特别是当"双重预防机制"上升为法定要求之后，两者的混淆将成为相关管理满足法定要求的阻碍，必须加以区分。

注 2：区分危险源和安全隐患的必要性——《安全生产法》中明确将"危险源"和"隐患"列在同一条法条中，本着立法中避免不同名称描述相同含义导致概念混淆的原则，"危险源"和"隐患"出现在同一法条内，意味着应分属不同定义和内涵。《民航安全隐患排查治理长效机制建设指南》（民航规〔2019〕11 号）借用了我国 90 年代安全管理理论中关于危险源划分为第一类、第二类危险源的概念，这一理论中的第二类危险源即"安全隐患"。为避免概念混淆，本办法将取代《民航安全隐患排查治理长效机制建设指南》，不再使用"一类危险源、二类危险源"的表述，后者直接表述为"安全隐患"。

注 3：当需要把未经评估或未经培训的关键人员列为危险源时，应注意与"人的不安全行为"区分，后者属于安全隐患的范畴。

注 4：根据国际民航组织在 Doc9859《安全管理手册》，"危险源是航空活动不可避免的一部分，可被视为系统或其环境内以一种或另一种形式蛰伏的潜在危害，这种潜在危害可能以不同的形式出现，例如：作为自然条件（如地形）或技术状态（如跑道标志）。可见，危险源定义中的"条件"通常指环境因素；"物体"则通常包括运行体系内存在的能量或物质。因此"危险源"的基本描述应尽量使用名词，如"×××可燃物、×××短窄跑道、×××超高障碍物"等，避免与安全隐患或后果混淆。

注 5：因《安全生产法》已定义"重大危险源"为"长期地或者临时地生产、搬运、使用或者储存危险物品，且危险物品数量等于或者超过临界量的单元（包括场所和设施）。危险物品，是指易燃易爆物品、危险化学品、放射性物品等能够危及人身安全和财产安全的物品"，且《安全生产法》适用范围包含民航业，民航行政机关无权使用法律或者行政法规以外的规章或规范性文件来变更《安全生产法》中既定的定义，故本咨询通告不再单独定义"重大危险源"。

安全隐患： 民航生产经营单位违反法律、法规、规章、标准、规程和安全管理制度规定，或者因风险控制措施失效或弱化可能导致事故、征候及一般事件等后果的人的不安全行为、物的危险状态和管理上的缺陷。按危害程度和整改难

度，分为一般安全隐患和重大安全隐患。（样例见附录2）

注1：《安全生产法》及其他法律、法规、规章以及规范性文件中对安全生产事故隐患、生产安全事故隐患、事故隐患、问题隐患、风险隐患等均有提及，基于民航"安全隐患零容忍"的行业特点，本规定中统一使用"安全隐患"一词，与其他相关概念并无本质差别。

注2：安全隐患的定义主要源于国务院安全生产委员会办公室、原国家安全生产监督总局的定义，该定义沿用至今未发生变化，民航行业使用该定义，能够确保与《安全生产法》相关精神一致。

注3："安全隐患"通常表现为"人的不安全行为、物的不安全状态、管理的缺陷"，因此安全隐患的基本表述应尽量采取"主语＋行为、状态、缺陷"的组合，并尽量与违规或风险管控措施失效或弱化相关联，如"×××人员违反×××、×××车辆阻挡×××、×××手册缺少×××"等，避免与危险源混淆。

注4：民航生产经营单位可以在本管理规定对安全隐患分类的基础上，根据管理需要自行进行细化（如涵盖法定自查的记录要求）。

重大安全隐患： 危害和整改难度较大，应当全部或者局部停产停业，并经过一定时间整改治理方能排除的安全隐患，或者因外部因素影响致使民航生产经营单位自身难以排除的安全隐患。

注：重大安全隐患的定义主要源于国务院安全生产委员会办公室、原国家安全生产监督总局的定义，该定义沿用至今未发生变化。民航行业使用该定义，能够确保与《安全生产法》相关精神一致。

安全风险： 危险源后果或结果的可能性和严重程度。根据容忍度不同，分为可接受、缓解后可接受、不可接受三级。

注1：亦有翻译为可接受、可容忍、不可容忍，对应关系不变。

注2：民航风险分级沿用国际民用航空组织分级标准，通常为三个等级，与国家安全生产领域"红橙黄蓝"四个风险等级对应关系为：民航的不可接受风险对应国家安全生产领域的重大风险（红）和较大风险（橙）；民航的缓解后可接受风险对应国家安全生产领域的一般风险（黄）；民航的可接受风险对应国家安全生产领域的低风险（蓝）。

重大风险： 风险分级评价中被列为"不可接受"的风险，或者被列为"缓解后可接受"但相关控制措施多次出现失效的风险。

剩余风险： 实施风险控制措施后仍然存在的安全风险。

注：剩余风险可能包括风险管理中未穷举的风险，也可以认为是一项初始的安全风险在拟采取的风险控制措施后"保留的风险"。实际安全管理中，通常是后者更具现实意义。

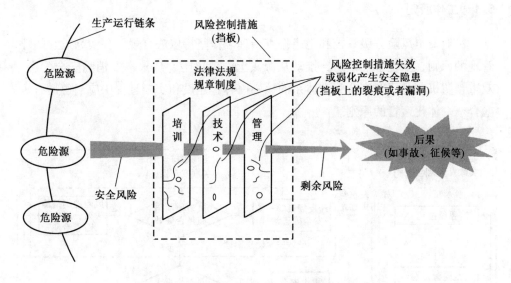

图 1　双重预防机制相关基本概念关系示意

4　参考资料

（1）《中华人民共和国安全生产法》，2021 年。

（2）附件 19《安全管理》第二版，国际民航组织，2016 年。

（3）Doc9859《安全管理手册》第四版，国际民航组织，2018 年。

（4）《民用航空安全管理规定》（CCAR－398），交通运输部，2018 年。

（5）《安全生产事故隐患排查治理暂行规定》，国家安全生产监督管理总局，2007 年。

（6）《安全生产事故隐患排查治理体系建设实施指南》，国务院安委会办公室，2012 年。

（7）《关于实施遏制重特大事故工作指南构建双重预防机制的意见》，国务院安委会办公室，2016 年。

（8）ISO Guide73：2009《风险管理——术语》。

5　一般要求

5.1　工作原则

民航安全风险分级管控和隐患排查治理工作坚持依法合规、务实高效、闭环管理的原则，围绕事前预防，推动从源头上防范风险、从根本上消除安全隐患。双重预防机制是民航安全管理体系的核心内容，建设和实施过程中应当遵循有机融合、一体化运行的原则。

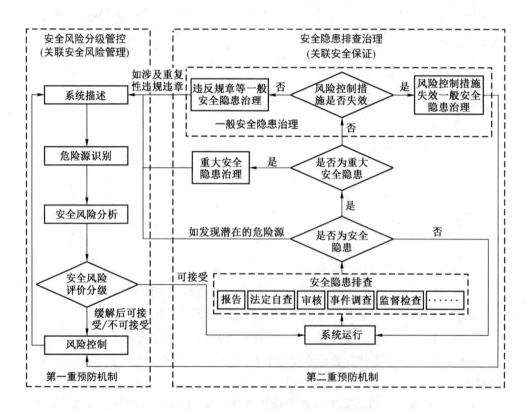

图2　民航 SMS 相关要素与双重预防机制融合流程

注1：双重预防机制的第一重预防机制——安全风险分级管控，对应民航 SMS 的第二大支柱——安全风险管理，本质相同。双重预防机制的第二重预防机制——安全隐患排查治理，属于民航安全管理体系的第三大支柱——安全保证的一部分，安全隐患排查同时也是获取安全绩效监测数据的一种方式，并且可能发

现新的危险源。

注2：图2进行了适当简化以便于理解基本逻辑和流程，省略安全绩效监视与测量、数据分析、系统评价等安全管理有关内容，各民航生产经营单位在双重预防机制建设过程中可结合本单位实际，参考其他规范性文件进行补充完善。

5.2 责任主体

民航生产经营单位作为安全生产的责任主体，应当在 SMS 框架下构建双重预防机制，有效消除安全隐患、防范化解安全风险，并向从业人员如实告知作业场所和工作岗位存在的危险因素、防范措施及事故应急措施。

5.3 监管主体

中国民用航空局（以下简称民航局）负责协调、指导行业范围内的民航双重预防机制的建立和落实。中国民用航空地区管理局（以下简称地区管理局）和中国民用航空安全监督管理局（以下简称监管局）负责对辖区内民航生产经营单位双重预防机制的建立和落实情况实施监管。

6 民航生产经营单位职责

6.1 负责人的职责

（1）民航生产经营单位的主要负责人是本单位安全生产第一责任人，对本单位安全生产工作全面负责，在 SMS 框架内组织建立并落实双重预防机制，督促、检查本单位的安全生产工作，及时消除安全隐患。

（2）其他负责人按照"三管三必须"的原则对职责范围内的安全风险分级管控和隐患排查治理工作负责。

注：生产经营单位的主要负责人因生产经营单位的法律组织形式不同而有所不同。根据《关于进一步强化安全生产责任落实坚决防范遏制重特大事故的若干措施》（简称"十五条硬措施"），主要负责人通常指生产经营单位法定代表人、实际控制人、实际负责人。

6.2 部门的职责

（1）安全管理部门负责组织开展危险源识别、风险分析和评价分级，拟订或组织其它业务部门拟订相关风险控制措施，督促落实本单位重大危险源、重大风险的安全管理措施；检查本单位的安全生产状况，及时排查安全隐患，提出改进安全生产管理的建议；如实记录本单位安全隐患排查治理情况，并向从业人员通报。

注："安全管理部门"在民航生产经营单位中存在"安监、航安、安质、安管"等不同名称，但本质上都是《安全生产法》中要求的"安全生产管理机构"，即企业内部设立的独立主管安全生产管理事务的部门。

（2）其他部门按照"三管三必须"的原则，履行民航生产经营单位内部管理规定的相应职责，并按规定参与或独立开展危险源识别，风险分析和评价分级，以及拟定风险控制措施，及时排查治理职责范围内的安全隐患。

6.3　从业人员的职责

民航生产经营单位的从业人员应当严格执行本单位的安全生产和安全管理制度和操作规程，发现安全隐患或者其他不安全因素，应当立即向现场安全管理人员或者本单位负责人报告。

6.4　工会的职责

民航生产经营单位的工会发现安全隐患时，有权提出解决的建议。

6.5　外包方的监管职责

民航生产经营项目、场所发包或者出租给其他单位的，可能危及对方生产安全的，民航生产经营单位应当与承包、承租单位签订安全生产管理协议，明确各方对安全生产风险分级管控和隐患排查治理的管理职责。民航生产经营单位对承包、承租单位的安全生产工作负有统一协调、管理的职责。

6.6　同一作业区域的监督职责

在同一作业区域内存在两个以上生产经营单位同时进行生产经营活动，可能危及对方生产安全的，应当签订安全生产管理协议，明确各自安全生产管理职责、安全风险管控措施和安全隐患治理措施，并指定专职安全管理人员进行安全检查与协调。

民用机场等特定运行场景下另有规定的，从其规定。

7 安全风险分级管控

7.1 总体要求

民航生产经营单位应当建立健全安全风险分级管控制度，并根据图 2 所示，清晰、明确地接入 SMS 的"安全风险管理"流程。该制度应当包括对安全风险分级管控的职责分工、系统描述、危险源识别、风险分析、风险评价分级和风险控制过程，以及安全风险分级管控台账等管理要求。

7.2 系统描述

（1）基本要素。参照 Doc9859《安全管理手册》的相关要求，"系统描述"是《安全管理体系手册》的必要内容，应当至少包括组织机构、业务流程、可能涉及的设施设备、运行环境、规章制度和操作规程，以及接口的描述，以界定 SMS 及其子系统的边界，确定双重预防机制在体系内的特征。

（2）作用。使用系统描述可以使民航生产经营单位能够更清晰地了解其众多的内外部交互系统和接口，有助于更好地定位危险源、安全隐患并管控相关风险。同时，及时更新系统描述还有助于了解各种变动对 SMS 流程和程序的影响，满足 SMS "变更管理"对系统描述进行检查的相关要求。

（3）格式。系统描述通常包含带有必要注释的组织机构图、核心业务流程图（包含内外部接口），及各项相关政策、程序的列表，但民航生产经营单位应当使用适合其自身的方法和格式编制适合本单位运行特点和复杂程度的系统描述。

注：基于"系统描述"开展"系统与工作分析"的记录，作为识别危险源的过程记录，可由各单位按照易理解、可操作、可追溯的原则确定格式。

7.3 危险源识别

民航生产经营单位应当综合使用被动和主动的方法，识别与其航空产品或服务有关、影响航空安全的危险源，描述危险源可能导致的事故、征候以及一般事件等后果，从而梳理出危险源与后果之间存在可能性的风险路径。

对重大危险源应当专门登记建档，进行定期检测、评估、监控，并制定应急预案，告知从业人员和相关人员在紧急情况下应采取的应急措施。民航生产经营单位应当按国家有关规定将本单位重大危险源及有关管控措施、应急措施报所在地地方人民政府应急管理部门和所在地监管局备案，并抄报所在地地区管理局。

7.4 风险分析和风险评价分级

民航生产经营单位应当明确安全风险分级标准，对其所识别的、影响航空安全的危险源进行风险分析和评价分级，从高到低分为不可接受风险、缓解后可接受风险和可接受风险三个等级（采用更多等级的单位，需明确对应关系）。

安全风险矩阵和分级标准由民航生产经营单位按民航局相关业务文件规定和本单位特点自行制定。安全风险指数采用字母与数字组合或单纯的数值来表示都是可接受的。

7.5 风险控制

民航生产经营单位应依据危险源识别和安全风险评价分级结果，按"分级管控"原则建立健全风险管控工作机制。

（1）对于重大危险源和重大风险，由主要负责人组织相关部门制定风险控制措施及专项应急预案。

（2）对于其他缓解后可接受风险，由安全管理部门负责组织相关部门制定风险控制措施。

（3）对于可接受风险，仍认为需要进一步提高安全性的，可由相关部门自行制定措施，但要避免层层加码。

对于涉及组织机构、政策程序调整等需要较长时间的风险管控措施，民航生产经营单位应当采取临时性安全措施将安全风险控制在可接受范围，且上述类型的风险控制措施制定后，应当重新回到系统描述，按需开展变更管理，并分析和评价剩余风险可接受后，方可转入系统运行环节。

7.6 安全风险分级管控台账

民航生产经营单位应当利用信息化技术对风险分级管控工作进行动态监控，建立台账，至少如实记录危险源名称、危险源所在部门、是否是重大危险源、危险源可能导致的后果、现有风险控制措施、风险分级评价、计划风险控制措施、风险控制措施落实效果等安全风险分级管控情况。

注：安全风险分级管控台账即危险源清单，可参见附录1的样例，本规定样例中未包含安全绩效管理有关内容。

8 安全隐患排查治理

8.1 总体要求

民航生产经营单位应当建立健全并落实本单位的安全隐患排查治理制度，该制度包括对安全隐患排查治理的职责分工、安全隐患排查、重大安全隐患治理、一般安全隐患治理和安全隐患排查治理台账等管理要求。

要通过立整立改或制定等效措施等方法，确保可能导致风险失控的安全隐患"动态清零"，即：针对排查发现的安全隐患，应当立即采取措施予以消除；或对于无法立即消除的安全隐患，制定临时性等效措施管控由于受该安全隐患影响而可能失控的风险，并制定整改措施、确定整改期限且在整改完成前定期评估临时性等效措施的有效性。

8.2 安全隐患排查

民航生产经营单位应当根据自身特点，采取但不限于安全信息报告、法定自查、安全审计、SMS审核以及配合行政检查等各种方式进行安全隐患排查。

如发现重大安全隐患，应按照8.3的要求进行治理；如发现一般安全隐患，应当按照8.4的要求进行治理；排查中如发现潜在的危险源，应回溯到"7.2 系统描述"进行定位和梳理，适时启动安全风险分级管控流程识别危险源并管控相关风险；如评估发现的问题不属于上述任何一类，可选择是否改进后，回到系统运行环节。

8.3 重大安全隐患治理

对于重大安全隐患，民航生产经营单位应当至少：

（1）及时停止使用相关设施、设备，局部或者全部停产停业，并立即报告所在地监管局，抄报所在地地区管理局。

（2）回溯到"7.2 系统描述"环节进行梳理，按照"7.安全风险分级管控"要求启动安全风险管理，制定治理方案。

（3）组织制定并实施治理方案，落实责任、措施、资金、时限和应急预案，消除重大安全隐患。

（4）被责令局部或者全部停产停业的民航生产经营单位，完成重大安全隐患治理后，应当组织本单位技术人员和专家，或委托具有相应资质的安全评估机构对重大安全隐患治理情况进行评估；确认治理后符合安全生产条件，向所在地监管局提出书面申请（包括治理方案、执行情况和评估报告），经审查同意后方可恢复生产经营。

8.4　一般安全隐患治理

（1）对于排查出来风险控制措施失效或弱化产生的一般安全隐患，治理过程中应当回溯到"7.5　风险控制"环节对风险控制措施进行审查和调整；对于涉及组织机构、政策程序调整等需要较长时间的风险管控措施，民航生产经营单位应当采取临时性安全措施将安全风险控制在可接受范围，且上述类型的风险控制措施制定后，应当重新回到"7.2　系统描述"，按需开展变更管理，并分析和评价剩余风险可接受后，方可转入系统运行环节。

（2）对于暂未关联到已有风险管控措施、因违规违章等情况被确定的安全隐患，如涉及重复性违规违章行为，回溯到本规定"7.2　系统描述"环节进行梳理，并按需启动安全风险管理；如不属于重复性违规违章，可立即整改并关闭。

8.5　安全隐患排查治理台账

民航生产经营单位应当：

（1）建立安全隐患排查治理台账（即安全隐患清单，参见附录2样例），如实记录安全隐患名称、类别、原因分析（如适用）、关联的风险控制措施、可能关联的后果（如适用）、整改措施、治理效果验证情况等安全隐患排查治理情况。已经完成整改闭环的安全隐患可标记关闭，不再统计在本单位安全隐患总数内，但安全管理的数据库，以及判定重复性、顽固性安全隐患的比对资料，应当长期保存，不得随意篡改或删除。

（2）对重大安全隐患除填入安全隐患清单外，还应建立专门的信息档案，包括重大安全隐患的治理方案、复查验收报告以及报送情况等各种记录和文件。

（3）通过职工大会或者职工代表大会、信息公示栏等方式向从业人员通报安全隐患排查治理情况。

9 监督检查

9.1 监督检查重点

民航行政机关在对各业务系统民航生产经营单位的 SMS 检查时应包含以下重点内容：

（1）安全风险分级管控和隐患排查治理的制度建设和实施情况。

（2）安全风险分级管控和隐患排查治理台账建立情况。

（3）重大风险的管控措施落实情况。

（4）重大危险源的管控情况。

（5）重大安全隐患的治理情况。

（6）未能按期关闭的安全隐患及重复性违规违章类的安全隐患治理情况。

9.2 推动安全隐患动态清零

对于民航行政机关检查发现的安全隐患，应当责令立即治理，并建立健全安全隐患治理督办制度，以安全隐患"动态清零"为目标，督促民航生产经营单位落实安全隐患排查治理工作。

（1）对于治理难度高且尚未构成重大安全隐患的一般安全隐患应当重点记录、跟踪督办。

（2）对于检查发现或接报的重大安全隐患要登记建档，指定专责部门挂牌督办，录入信息系统。必要时，应当将重大安全隐患治理情况通报该单位上级主管部门，或报告同级人民政府对重大安全隐患实施挂牌督办，落实《安全生产法》关于相互配合、齐抓共管、信息共享、资源共用的安全监管要求，共同督促民航生产经营单位消除重大安全隐患。

（3）重大安全隐患排除前或者排除过程中无法保证安全的，应当责令从危险区域内撤出作业人员，责令暂时停产停业或者停止使用相关设施、设备。

（4）重大安全隐患治理完成，收到民航生产经营单位提出的书面申请后，由所在地地区管理局或授权监管局组织现场审查，审查合格后，方可对重大安全隐患进行核销，同意恢复生产经营和使用。

9.3 责任追究

民航生产经营单位未按照规定落实民航安全风险分级管控和隐患排查治理工

作的，依法进行处理。

10 生效与废止

本咨询通告自 2022 年 9 月 30 日生效，《关于印发民用航空重大安全事项挂牌督办及整改工作暂行办法的通知》（民航发〔2011〕120 号）、《民航安全隐患排查治理长效机制建设指南》（民航规〔2019〕11 号）废止。

本咨询通告生效起一年内为过渡期，期间各地区、各单位应当逐步完善相关制度及数据库。

附录 1 安全风险分级管控样例（危险源清单）

编号	危险源名称（参照第三章危险源定义及注释4）	危险源识别				风险分析和风险评价分级					风险控制措施（如风险处于可接受，可填写"不涉及"）	剩余风险（参照第三章风险定义及注释）				是否衍生新的危险源（如是，填写新危险源名称和编号）
		危险源管理的主责部门	重大危险源	危险源来源	可能导致的后果（事故、征候、一般事件等）	现有风险控制措施（针对危险源已有的规章制度和操作规程、技术、培训等）	风险分级（参照第七章7.4）						风险值	风险评价分级		
							可能性	严重性	风险值	风险评价分级		可能性	严重性			
1	×、×、×等3个机场冬季湿滑或污染跑道	飞行部（航空公司）	否	事件调查	飞机冲出跑道	1. 模拟机训练中有湿滑跑道的训练科目。2. FOCM手册中有湿滑跑道降落标准和程序。	4	B	4B	不可接受风险	1. 一个定检周期内有过刹车系统故障的飞机不运行该机场。2. 结合QAR监控状况，在模拟机复训中增加部分飞行员湿滑跑道起降训练不少于2次/场；3. 在换季学习中增加着陆的学习内容，培训飞行机组强化主动了解天气变化趋势和雪情通告的意识。4. 细化飞行准备，飞行机组要准确识读新的道面状况评估报告和雪情通告相关内容；签派员要讲解帮助机组掌握污染道面变化情况和污染跑道变更等的信息。5. 在现有标准框架下，进一步明确湿滑跑道上的运行限制与侧风标准，作为冬季飞行前准备备抽查项，抽查率不低于50%。6. 下发警示，要求配建部门和飞行机组严格按程序做好性能分析，防范起降时偏出跑道风险。	1	B	1B	可接受	
2	××机场春季低空风切变、强乱流	飞行部（航空公司）	否	自愿报告统计	飞机可控撞地	1. 运行手册天气标准。2. 组训训练手册颠簸、风切变处置程序。3. 模拟机复训科目。	2	A	2A	缓解后可接受风险	1. 报告及数据分析中乱流，风切变集中的3~4月份，调整部分航班时刻，起降部分调降到波端天气的可能性。并增加签派席位专项监控程序、预报、实况等存在风切变避开大风切时段，实况等存。复训中无风切变处置，最近一次复训确认3~4月份执行该机场的机组，悬定进近方面的不符合记录。且航前准备时提前向机组发放××机场前准备清单。	1	A	1A	可接受	

附录 2 安全隐患排查治理样例（安全隐患清单）

编号	安全隐患名称（参照第三章安全定义及隐患定义注释3）	重大安全隐患（参照第三章重大安全隐患定义）	隐患的类别（参照第八章8.4）	原因分析（如适用）	关联的风险控制措施（法规、制度或者风险控制措施的具体要求）	关联的后果（如适用）	来源	发现时间	整改单位部门	整改时间	整改措施	整改资金（如适用）	应急预案（涉及重大隐患时填写）	措施验证人员	措施验证时间	治理效果验证情况	是否关闭	关闭时间
1	某进近管制部分管制员向相邻管制单位过早进行电子移交。	否	风险控制措施失效	1. 部分管制员对管制协议向相关内容存在误解。2. 进近管制对管制协议开展了培训，但无相关考核。3. 进近管《业务培训管理规定》中没有明确需要考核的条件及要求。	进近管制室的《业务培训管理规定》规定：协议签订后，应对全体人员开展不少于2小时的培训。	飞行冲突	内部检查	2022/1/3	进近管制室	2022/1/9	1. 修订进近管制室《业务培训管理规定》，增加对业务培训后应受训人员应进行考核，不合格的直到补考合格后方可上岗的要求。2. 进近管制室对全体管制人员开展管制协议培训和考核，对不合格的人员进行补考，直到考核全体人员考核合格。	无		安质部检查员	2022/2/1	1. 2022 年 2 月 1 日检查了进近管制室修订的《业务规定》，该规定明确对业务培训后应进行考核，不合格的直到补考合格后方可上岗的要求。2. 2022 年 2 月 1 日检查对全体人员进行管制协议培训和考核记录，均已经考核合格。3. 2022 年 2 月 1 日随机抽查了过去两个月中每周各 1 小时的录像，没有发现过早进行电子移交的情况。	是	2022/3/1

附录 2（续）

编号	安全隐患名称（参照第三章安全定义及隐患定义注释3）	重大安全隐患（参照第三章重大安全隐患定义）	隐患的类别（参照第八章8.4）	原因分析（如适用）	关联的风险控制措施（法规、制度或者风险控制措施的具体要求）	关联的后果（如适用）	来源	发现时间	整改单位/部门	整改时间	整改措施	整改资金（如适用）	应急预案（涉及重大隐患时填写）	措施验证人	措施验证时间	治理效果验证情况	是否关闭	关闭时间
2	货运平板阻挡车前加油车前的紧急通道。	否	重复性违进规章	1. 作业人员违反车辆靠机作业规范。2. 作业人员对加油车紧急通道的要求不熟悉。	公司《航运手册》"航空器交通区道路交通管理规则"第××条"当×飞机正在加油时，在停机位内的车辆不得阻碍加油车前方的紧急通道。	1. 紧急情况下阻挡加油车的撤离。2. 车辆或飞机与车辆与车辆刮碰	日常安全检查	2022/1/3	货运部	2022/1/5	1. 对违规操作人员进行批评教育并现场纠正。2. 组织装卸处员工再次学习《航空器活动区道路交通管理规则》的相关要求。3. 安质处组织对车辆靠机作业安全检查每周3次由每周加至5次，并协调机场加强巡视抽查。	无		货运部安全质量经理	2022/2/3	1. 2022年2月3日检查了装卸处员工学习《航空器活动区道路交通管理规则》的记录和考核，所有员工学习记录和考核合格。2. 2022年2月3日随机抽查过去两个月的车辆靠机作业安全检查记录，发现连续两个月没有发生类似违规事件。	是	2022/3/6

关于下发《民航重大安全隐患判定标准（试行）》的通知

民航各地区管理局，各运输（通用）航空公司，各服务保障公司，各机场公司，局属各单位：

根据国务院安委会部署及《民航重大安全隐患专项排查整治 2023 行动工作方案》，民航局安委办组织制定《民航重大安全隐患判定标准（试行)》。现下发你们，请认真执行。

民航局安委会办公室

2023 年 5 月 4 日

民航重大安全隐患判定标准（试行）

第一条 【目的依据】为提高民航重大安全隐患排查和治理效能，依据《中华人民共和国安全生产法》《民用航空安全管理规定》(CCAR－398)、《大型飞机公共航空运输承运人运行合格审定规则》(CCAR－121)、《民用航空器维修单位合格审定规则》(CCAR－145)、《运输机场运行安全管理规定》(CCAR－140)、《民用航空空中交通管理运行单位安全管理规则》(CCAR－83) 等法律规章及《民航安全风险分级管控和隐患排查治理双重预防工作机制管理规定》(民航规〔2022〕32 号) 等相关规范性文件，制定本标准。

第二条 【适用范围】本标准用于指导民航生产经营单位和民航行政机关判定重大安全隐患。第五条至第九条所列之外的其他单位应参照执行。

第三条 【定义】本标准相关定义与《民航安全风险分级管控和隐患排查治理双重预防工作机制管理规定》一致。

（一）安全隐患：是指民航生产经营单位违反法律、法规、规章、标准、规程和安全管理制度规定，或者因风险控制措施失效或弱化可能导致事故、征候及一般事件等后果的人的不安全行为、物的危险状态和管理上的缺陷。

（二）重大安全隐患：是指危害和整改难度较大，应当全部或者局部停产停业，并经过一定时间整改治理方能排除的安全隐患，或者因外部因素影响致使民航生产经营单位自身难以排除的安全隐患。

第四条 【分类】民航重大安全隐患主要包括3大类：

（一）组织原因严重违规违章、超能力运行等安全管理缺陷。

（二）关键设备、设施状况严重违规违章等不安全状态。

（三）关键岗位人员严重违规违章等不安全行为。

第五条 大型飞机公共航空运输承运人在12个日历月内存在下列情形，应判定为重大安全隐患：

（一）组织原因严重违规违章、超能力运行

1. 公司未按照经批准的运行规范授权和限制，重复违规安排航班运行。

2. 公司未按照经批准的训练大纲实施训练，出现大面积训练记录造假。

3. 公司未按照规章要求，重复出现违规使用或搭配不符合运行资质的飞行员、乘务员、签派员和维修人员。

4. 公司在运行合格审定过程中，存在弄虚作假情况，或通过提供虚假材料等不正当手段取得运行合格证、运行规范和其他批准项目。

5. 公司未按照规章要求，落实飞机适航性责任，存在大面积维修记录造假。

（二）重要设备或性能严重违规违章等不安全状态

1. 重复出现机载设备不满足条件被违章放行。

2. 重复出现超出飞机性能使用限制被放行。

（三）关键岗位人员严重违规违章等不安全行为

1. 重复出现机长和签派员低于运行标准执行或放行航班。

2. 负责货物配载的人员故意隐载、私拉货物，造成舱单与实际配载不符。

3. 负责货物配载的人员私自装载危险品上机，未按要求进行报告。

（四）其他

安检设备未经使用验收检测合格的；开展安检设备日常管理的检测员未满足相关能力要求的。

第六条 民用航空器维修单位在12个日历月内存在下列情形，应判定为重大安全隐患：

（一）组织原因严重违规违章

1. 未按照经批准的许可维修范围和限制，重复违规从事民用航空器及其部件维修工作。

2. 重复出现违规使用不符合岗位资质的人员从事维修及相关管理工作。

3. 在维修许可审定过程中，存在弄虚作假情况，或通过提供虚假材料等不正当手段取得维修许可证及其许可维修项目。

4. 未建立或未有效实施相关管理制度，重复出现关键维修管理人员管理记录造假、维修记录造假，或相关培训和资质记录造假。

（二）工具或器材状况严重违规违章等不安全状态

1. 维修工作中多次使用的工具不符合规章要求。

2. 不合格的航材在维修工作中被违规大面积使用。

（三）关键岗位人员严重违规违章等不安全行为

重复出现同类维修差错的情形。

第七条 民航运输机场存在下列情形，应判定为重大安全隐患：

（一）组织原因严重违规违章、超能力运行

1. 军民合用机场未按有关规定要求签署并严格落实军民航融合协议。

2. 最高类别航空器连续 3 个月内连续起降架次超过运输机场使用许可证批复的消防救援等级保障范围，限期未整改完成的。

3. 持有符合岗位资质的消防人员低于规章要求单班车辆定员的 80%。

（二）关键设备设施状况严重违规违章等不安全状态

1. 跑道道面出现严重破损或病害。

2. 升降带平整区和跑道端安全区的平整度、密实度不符合标准要求。

3. 跑道灯、进近灯和 PAPI 灯电缆绝缘电阻不符合标准要求。

4. 精密进近航道指示器、跑道灯光系统和进近灯光系统灯具未经检验合格进入机场使用的。

5. 机场围界破损且超过 3 小时未修复或采取安保措施。

6. 机场飞行区消防供水设施失能，且超过 24 小时未予以修复；机场飞行区灭火作战车辆失能，且超过 72 小时未予以修复。

7. 违规建设的建筑物或永久性构筑物超出机场障碍物限制面。

8. 机场障碍物限制面范围外、基准点 55 公里范围内，违规建设的建筑物或永久性构筑物对机场飞行程序和运行最低标准造成严重影响。

（三）关键岗位人员严重违规违章等不安全行为

飞行区作业人员无证上岗。

（四）其他

1. 民航专业工程施工领域重大隐患应参照《民航专业工程施工重大安全隐患判定标准》进行判定。

2. 安检设备未经使用验收检测合格的；开展安检设备日常管理的检测员未满足相关能力要求的。

第八条　民航空管单位存在下列情形，应判定为重大安全隐患：

（一）组织原因严重违规违章、超能力作业

1. 在 12 个日历月内，超时运行的管制员占比超过 10%。

2. 管制员无资质上岗或资质、经历造假。

3. 在 12 个日历月内，管制单位因不及时分扇或流控管理问题导致出现持续超扇区容量运行 30 分钟（含）以上的情形达 10 次（含）以上。

（二）关键设备设施状况严重违规违章等不安全状态

1. 导航设备未经飞行校验或开放许可，违章开放使用。

2. 导航设备电磁环境受到严重破坏。

3. 无线电频率未经许可被违章使用。

（三）关键岗位人员严重违章违规等不安全行为

1. 在 12 个日历月内，出现管制员在工作期间脱岗或睡岗行为达 2 次（含）以上的。

2. 在 12 个日历月内，出现导致管制原因征候的违规违章行为达 2 次（含）以上的。

第九条　民航生产经营单位安全管理工作中存在下列情形，应判定为重大安全隐患：

1. 未建立全员安全生产责任制。

2. 未依法配备安全生产管理机构或专/兼职安全生产管理人员。

3. 未保证安全生产投入，致使该单位被局方评估为不具备安全生产条件。

4. 未建立安全管理体系或等效安全管理机制。

5. 未对承包单位、承租单位的安全生产工作统一协调、管理。

6. 未制定本单位生产安全事故应急救援预案。

7. 未取得安全生产行政许可及相关证照，或弄虚作假、骗取、冒用安全生产相关证照从事生产经营活动。

8. 被依法责令停产停业整顿、吊销证照、关闭的生产经营单位，继续从事生产经营活动。

9. 关闭、破坏直接关系生产安全的监控、报警、防护、救生设备、设施，或篡改、隐瞒、销毁其相关数据、信息。

10. 在本单位发生事故时，主要负责人不立即组织抢救或者在调查处理期间擅离职守或者逃匿，或隐瞒不报、谎报，或在调查中作伪证或者指使他人作伪证。

第十条　【其他情形判定】第五条至第九条所列情形的判定存在困难时，或出现上述所列情形外风险较大且难以直接判断为重大安全隐患的情形，各单位可结合运行实际，组织 5 名或 7 名相关领域专家，依据安全生产法律法规规章、国家标准和行业标准，综合考虑同类型不安全事件案例，进行论证分析、综合判定。

第十一条　本标准自 2023 年 5 月 10 日起试行，有效期两年。试行期间将结合专项整治、调研等多种形式收集意见建议及相关样例，健全完善判定标准。

民航局综合司关于印发《民航专业工程施工重大安全隐患判定标准（试行）》的通知

民航综机发〔2023〕1 号

为规范民航专业工程隐患排查治理工作，加强重大安全隐患管理，全面落实参建单位主体责任，防范和遏制较大及以上级别生产安全事故发生，民航局机场司组织编制了《民航专业工程施工重大安全隐患判定标准（试行）》(AC‒165‒CA‒2023‒01)，现予发布施行，请抓好落实。

民航局综合司

2023 年 5 月 16 日

民航专业工程施工重大安全隐患判定标准（试行）

前　　言

为规范民航专业工程隐患排查治理工作，加强重大安全隐患管理，防范和遏制较大及以上级别生产安全事故发生，为民航专业工程施工现场重大安全隐患的分级和管控提供参考依据，民航局机场司组织成立编写组，依托民航安全能力建设资金项目"民航专业工程施工安全'双重预防机制'技术研究"，编制了《民航专业工程施工重大安全隐患判定标准（试行）》。编写组经调查研究，认真总结实践经验，参考有关行业判定标准，并在公开广泛征求意见的基础上，制订本

《判定标准》。

《判定标准》共分为四章：1 总则；2 术语；3 重大安全隐患；4 需重点关注的一般安全隐患。

本《判定标准》由民航专业工程质量监督总站负责日常管理。因首次编制，部分术语及条款根据施工经验及事故教训总结归纳，执行过程中如有意见或建议，请及时函告编写组（地址：北京市朝阳区阜通东大街 6 号方恒国际中心 A 座 7 层安全监督处，邮编 100102，E－mail：lishian2013@126.com）。

主编单位：民航专业工程质量监督总站

参编单位：中国矿业大学（北京）

主　　编：林　建　李世安

参编人员：佟瑞鹏　郭东尘　王　爽　李　童　段学科

　　　　　梁释心　张　坤　耿德宇　于　然　苗　健

　　　　　董汇标

主　　审：宋　力　肖殿良

参审人员：王　卓　姚宏博　董家广　戴　征　刘爱军

　　　　　廖志高　胡一俊　张　超　马　强　李　正

　　　　　刘世英　马剑波　宋　敏　翁训龙　侯俊刚

　　　　　韩文景　李清国　叶　松　李　祯

1　总则

1.1　为遏制民航专业工程较大及以上级别事故、全力压减一般事故，为施工现场重大安全隐患判定提供依据，依据相关法律、法规和规范、标准，编制本判定标准。

1.2　本判定标准所述条款适用于民航专业工程施工现场重大安全隐患的判定。

1.3　当存在本判定标准第三章描述条款情况之一时，即判定为重大安全隐患。

1.4　当存在本判定标准第四章描述条款情况之一时，即判定为需重点关注的一般安全隐患。

1.5　施工现场除不得违反本判定标准所列条款之外，尚应符合国家和行业现行有关规定。火灾、危险化学品、有毒有害物质等方面重大隐患判定另有规定的，适用其规定。

2 术语

2.1 重大安全隐患

危害和整改难度较大，应当全部或者局部停工，并经过一定时间整改治理方能排除的安全隐患，或者因外部因素影响致使民航专业工程参建单位自身难以排除的安全隐患。

2.2 施工现场

民航专业工程范围内经批准占用的施工场地。

2.3 危险性较大的工程

指民航专业工程在施工过程中存在的、可能导致作业人员群死群伤、造成重大经济损失或者造成重大社会影响的工程。

2.4 高大模板

指建设工程施工现场混凝土构件模板支撑高度超过 8 m，或搭设跨度超过 18 m，或施工总荷载大于 15 kN/m^2，或集中线荷载大于 20 kN/m 的模板工程。

2.5 特种作业人员

从事特种作业人员岗位类别的统称，是指容易发生人员伤亡事故，对操作者本人、他人及周围设施的安全有重大危害的工种。

2.6 TN－S 接零保护系统

工作零线与保护零线分开设置的接零保护系统。

2.7 起重吊装

使用起重设备将建筑结构构件、器具、材料或设备提升或移动至设计指定位置和标高，并按要求安装固定的施工过程。

2.8 有限空间作业

有限空间是指封闭或部分封闭，进出口较为狭窄，未被设计为固定工作场所，自然通风不良，易造成有毒有害、易燃易爆物质积聚或氧含量不足的空间。有限空间作业是指作业人员进入有限空间实施的作业活动。

2.9 浅埋暗挖法

在软弱围岩地层中，在浅埋条件下修建地下工程，以改造地质条件为前提，以控制地表沉降为重点，以格栅（或其他钢结构）和喷锚作为初期支护手段，按照十八字原则（管超前、严注浆、短开挖、强支护、快封闭、勤测量）进行施工的工法。

3 重大安全隐患

3.1 管理类

3.1.1 无资质证书或超资质承揽工程，或将工程进行转包、违法分包。

3.1.2 无项目审批、无工程设计、未办理质量安全监督手续开展工程施工。

3.1.3 施工企业未取得安全生产许可证擅自从事施工活动。

3.1.4 施工单位的主要负责人未取得安全生产考核合格证书从事相关工作。

3.1.5 施工单位未按规定数量配备专职安全生产管理人员，项目经理无执业资格、不在岗履职。

【条文说明】《运输机场专业工程施工单位安全管理人员管理办法（试行）》（民航规〔2021〕6号）规定了专职安全生产管理人员的配备要求。

3.1.6 危险性较大的工程（以下简称"危大工程"）未编制、审核专项施工方案，未按规定对超过一定规模的危险性较大的工程（以下简称"超危大工程"）专项施工方案进行专家论证；未根据专家论证报告对超危大工程专项施工方案进行修改，或者未重新组织专家论证；未严格按照专项施工方案组织施工。

3.1.7 对于按照规定需要验收的危险性较大的工程，未验收或验收不合格即进入下一道工序。

3.1.8 特种作业人员未取得特种作业人员操作资格证书上岗作业。

【条文说明】特种作业人员包括垂直运输机械作业人员、安装拆卸工、焊接作业人员、建筑电工、登高架设作业人员等。特种作业人员必须按照国家有关规定经过专门的安全作业培训，才能取得作业操作资格证书。

3.1.9 模板支撑体系和脚手架体系所使用的材料和构配件，未提供产品合格证及质量检验报告；未验收或验收不合格投入使用。

3.1.10 使用危及生产安全施工工艺、设备和材料淘汰目录中禁止类的施工工艺、设备和材料。

3.1.11 影响工程施工安全的新技术、新工艺、新材料、新设备进入施工现场，未提供企业标准、成果鉴定、检测报告、产品合格证，未进行专家论证。

3.1.12 施工单位未建立安全隐患排查治理制度或未记录隐患排查治理情况。

【条文说明】《安全生产法》第四十一条和《民航安全风险分级管控和隐患排查治理双重预防工作机制管理规定》均对建立健全落实本单位的安全隐患排查治理制度，如实记录隐患排查治理情况提出了要求。

3.1.13 施工现场违规储存、使用可燃物或易燃易爆化学物品。

3.1.14 其他严重违反工程建设安全生产法律法规、部门规章及强制性标准，且存在危害程度较大、可能导致群死群伤或造成重大经济损失的现实危险。

3.2 高大模板施工

3.2.1 基础承载力和变形不满足设计要求。

3.2.2 模板变形不满足设计要求。

3.2.3 模板的安装未按施工专项方案要求设置纵、横、斜支撑或水平拉杆。

3.2.4 安装后模板、支撑构件间的相互位置不符合规范及施工方案要求。

3.2.5 钢筋等材料集中堆放或混凝土浇筑顺序未按方案规定进行，局部荷载大于设计值。

3.2.6 模板拆除时混凝土强度未达到设计或规范要求。

3.2.7 拆除顺序未按施工专项方案要求进行。

【条文说明】《混凝土结构工程施工规范》（GB 50666—2011）第4.5.2条规定，混凝土强度达到设计要求后，方可拆除底模及支架；当设计无具体要求时，同条件养护的混凝土立方体试件抗压强度应符合以下规定：

① 板：当跨度≤2 m时,混凝土抗压强度应≥50%设计标准值；当跨度>2 m,≤8 m时，混凝土抗压强度应≥75%设计标准值；当跨度>8 m时，混凝土抗压强度应≥100%设计标准值；

② 梁、拱、壳：当跨度≤8 m时，混凝土抗压强度应≥75%设计标准值；当

跨度＞8 m 时，混凝土抗压强度应≥100% 设计标准值；

③ 悬臂构件：混凝土抗压强度应≥100% 设计标准值。

3.3 现浇混凝土支架

3.3.1 支架的地基或基础的承载力和变形不满足设计要求。

3.3.2 支架未按设计或施工规范要求预压。

3.3.3 存在相互搭接且作为支撑结构的支架或模板在拆除时无临时稳定措施。

3.3.4 支架构配件不符合规范要求。

3.4 脚手架工程

3.4.1 脚手架工程的地基基础承载力和变形不满足设计要求。

【条文说明】本条所述"基础承载力不满足设计要求"的情况如下：

（1）搭设高度 24 m 及以上的落地式钢管脚手架工程基础未进行承载力验算，或按照《建筑施工扣件式钢管脚手架安全技术规范》（JGJ 130—2011）、《建筑施工碗扣式钢管脚手架安全技术规范》（JG J166—2016）、《建筑施工承插型盘扣式钢管脚手架安全技术标准》（JGJ/T 231—2021）、《建筑施工门式钢管脚手架安全技术标准》（JGJ/T 128—2019）中有关基础承载力的验算承载力不满足设计要求。

（2）悬挑式脚手架，悬挑工字钢强度、截面高度、截面形式不符合设计要求，或钢梁与建筑结构锚固处结构强度、锚固措施不符合设计要求，或锚固段与悬挑段长度比小于1.25。

（3）无加固措施的情况下，在落地式脚手架基础附近开挖设备基础或管沟。

3.4.2 脚手架使用过程中，连墙件、剪刀撑、斜撑设置的位置、数量偏差较大或整层缺失；杆件间距不符合规范要求。

【条文说明】本条中连墙件设置的位置和数量偏差较大包括：开口型脚手架的两端未设置连墙件，或连墙件的垂直间距大于建筑物的层高；连墙件的轴向力大于方案设计值或单个连墙件所覆盖的脚手架外侧面积的迎风面积大于方案设计值。

3.5 高边坡、深基坑工程

3.5.1 开挖时未逐级开挖逐级防护或出现严重超挖情况。

3.5.2 未按照自上而下的顺序分层、分段、对称、均衡、适时的原则进行开挖。

3.5.3　未按设计或方案设置临时排水设施。

3.5.4　未按规范或设计要求采取监测措施。

3.5.5　侧壁出现大量漏水、流土，底部出现管涌，周边道路出现裂缝、鼓包、塌陷，管线、建筑物或构筑物等出现危险征兆且未采取有效防治措施。

3.5.6　对因基坑工程施工可能造成损害的毗邻重要建筑物、构筑物和地下管线等，未采取专项防护措施。

3.5.7　对既有边坡坡脚开挖且未采取有效支护。

3.6　土石方工程

3.6.1　未按设计及方案放坡。

3.6.2　未采取支护措施或支护结构不符合设计要求。

3.6.3　应进行监控而未有效监控的。

3.6.4　坡顶堆土堆料、机具超过设计限值。

3.7　暗挖施工

3.7.1　作业面带水施工未采取相关措施，或地下水控制措施失效且继续施工。

3.7.2　施工时出现涌水、涌砂、局部坍塌，支护结构扭曲变形或出现裂缝，且有不断增大趋势，未及时采取措施。

3.7.3　未按规范或设计要求监测和地质超前预报。

3.7.4　地质条件较差地段未对围岩进行超前支护或加固。

3.7.5　围岩较差、变形较大的隧道，上部断面开挖后未按设计要求及时采取控制围岩及初期支护变形量的措施。

3.7.6　围岩自稳能力差，拱架施工不符合规范及设计要求。

3.8　施工驻地及场站建设

3.8.1　设置在地质灾害、水文灾害或影响区域。

3.8.2　与集中爆破区、易燃易爆物、危化品库、高压线的安全距离不足。

3.8.3　大型设备设施倾覆影响范围内设置办公区、生活区。

　　【条文说明】场站是指工程建设过程中需要的施工场所、临时设施，一般包括拌和站、钢筋加工场、预制场、原材料存放场地及隧道临建设施等。

　　大型临时设施，是为保证施工和管理的正常进行，根据大型临时工程计划和施工总平面图的要求在施工现场及附近建造或搭设的规模较大的临时性设施，包括各种大型临时生活设施、办公设施、生产设施、运输设施、储存设施、管线设施、通讯设施和消防安全设施等。

4 需重点关注的一般安全隐患

4.1 管理类

4.1.1 未经合规性和可行性论证任意压缩合理工期。

4.1.2 未对作业人员进行安全教育培训和安全技术交底。

4.1.3 未制定安全作业规定、规程或未按照已制定的规定、规程开展作业。

4.2 起重机械及吊装工程

4.2.1 塔式起重机、施工升降机、物料提升机等起重机械设备未经验收合格即投入使用，或未按规定办理使用登记。

4.2.2 塔式起重机独立起升高度、附着间距和最高附着以上的最大悬高及垂直度不符合规范要求。

4.2.3 施工升降机附着间距和最高附着以上的最大悬高及垂直度不符合规范要求。

4.2.4 起重机械安装、拆卸、顶升加节以及附着前未对结构件、顶升机构和附着装置以及高强度螺栓、销轴、定位板等连接件及安全装置进行检查。

4.2.5 起重机械的安全装置不齐全、失效或者被违规拆除、破坏。

4.2.6 施工升降机防坠安全器超过定期检验有效期，标准节连接螺栓缺失或失效。

4.2.7 起重机械的地基基础承载力和变形不满足设计要求。

4.2.8 多台起重机械抬吊同一构件时，起重机械性能差异较大且缺少相应措施。

4.2.9 起重吊装违规作业，违反"十不吊"要求。

【条文说明】起重吊装作业"十不吊"是指：超载或被吊物重量不清不吊；指挥信号不明确不吊；捆绑、吊挂不牢或不平衡，可能引起滑动时不吊；被吊物上有人或浮置物时不吊；结构或零部件有影响安全工作的缺陷或损伤时不吊；遇有拉力不清的埋置物件时不吊；工作场地昏暗，无法看清场地、被吊物和指挥信号时不吊；被吊物棱角处与捆绑钢绳间未加衬垫时不吊；歪拉斜吊重物时不吊；容器内装的物品过满时不吊。

4.3 桥式和门式起重机

4.3.1 桥式或门式起重机的重量限制器、行程开关和尾端止挡等安全附件失效。

4.3.2 停止使用后夹轨器或抗风缆等固定装置未有效使用。

4.3.3 起重作业行走时发现偏移未及时停止作业或多台起重机同时作业未安装防碰撞设施。

4.4 塔式起重机

4.4.1 塔式起重机顶升过程中操作不当，主要支撑体系限制、限位安全附件缺失或附着设施安装不到位或自由端过长。

4.4.2 多台塔式起重机在同一施工现场交叉作业时安全距离不足，防碰撞措施不到位或无专人指挥。

4.4.3 行程开关和尾端止挡等安全附件失效。

4.5 齿轮齿条式施工升降机

4.5.1 未安装防坠器，导轨架上下末端无限位器，底部无缓冲器。

4.5.2 附着设施未及时安装或间距设置不符合规范要求。

4.5.3 轨道垂直度超标（h≤70 m 时不大于（1/1000 h）mm，70 m＜h≤100 m 时小于等于 70 mm，100 m＜h≤150 m 时小于等于 90 mm，150 m＜h≤200 m 时小于等于 110 mm，h＞200 m 时小于等于 130 mm）。

4.5.4 限载标识不明确，或存在超载情况。

4.5.5 安全装置、限位装置、防护设施未安装、不灵敏或失效。

4.5.6 利用限位开关代替控制开关进行操作。

4.6 临时用电

4.6.1 施工现场或施工机械设备与高压线路之间的安全距离不足且未采取有效的保护措施。

4.6.2 配电系统未采用三级配电分级漏电保护系统，未采用 TN－S 接零保护系统，配电箱与开关箱漏电保护器参数不匹配。

4.6.3 配电系统或电气设备调试、试运行、检修时，未按操作规程和程序进行，未统一指挥、专人监护。

4.6.4 特殊环境下（潮湿、密封容器等）未按规定使用安全电压、特种灯具。

4.7 混凝土施工

4.7.1 混凝土输送泵管安装时附着在塔式起重机、施工升降机、支架、脚手架、爬梯上。

4.7.2 混凝土浇筑施工过程中模板、支架和钢筋骨架稳定性和变形不满足设计要求。

4.7.3 混凝土未达到设计要求强度的情况下进行土方回填。

4.8 超过3m（含3m）的基坑（槽）施工

4.8.1 基坑周边未按设计要求堆载、停放大型机械、设备。

4.8.2 未按专项施工方案定期监测地表及地下水渗流或监测有泥砂、涌泥、涌水等情况出现未采取有效控制措施。

4.9 暗挖施工

4.9.1 洞口边、仰坡未按设计坡率进行开挖。

4.9.2 仰坡未按设计及时进行支护。

4.9.3 未定期监测边仰坡变形。

4.9.4 明洞衬砌强度未达到设计要求进行回填。

4.10 土石围堰施工

4.10.1 土石围堰无防排水和防汛措施。

4.10.2 堰体结构出现破坏时，未采取有效措施。

4.10.3 堰体出现流砂、涌水、涌泥等情况。

4.10.4 围堰工作水头超过设计允许值。

4.11 有限空间作业

4.11.1 有限空间作业未履行"作业审批制度"，未对施工人员进行专项安全教育培训。

4.11.2 有限空间作业未执行"先通风、再检测、后作业"原则。

4.11.3 有限空间作业场所外未设警戒区及警示标志，有限空间作业负责人及监护人员未履行安全职责。

4.12 施工现场施工便道

4.12.1 施工便道承载力不足，未能保证施工车辆和设备行驶安全。

4.12.2 施工便道在急弯、陡坡、连续转弯等危险路段未设置警示标志和防护设施。

4.12.3 陡坡地带施工便道未采取降坡或修绕行路等措施。

4.12.4 施工便道与既有道路平面交叉处未设置道口警示标志。

4.13 动火作业

4.13.1 施工现场未建立、实施动火审批制度。

4.13.2 动火作业前未对作业现场的可燃物进行清理；作业现场及其附近无法移走的可燃物未采用不燃材料对其覆盖或隔离。

4.13.3 动火作业未配备灭火器材，未设置动火监护人进行现场监护。

【条文说明】根据《建设工程施工现场消防安全技术规范》（GB 50720—2011）6.3.1，现场动火作业多、动火管理缺失和动火作业不慎引燃可燃、易燃建筑材料是导致火灾的主要原因。

4.14 施工驻地及场站建设

4.14.1 驻地使用防火等级为 B 级及以下彩钢板搭设。

【条文说明】根据《建筑设计防火规范》（GB 50016），临时设施所选用的材料应符合环保和消防要求，其构件的燃烧性能等级为 A 级。

民政部办公厅印发《养老机构重大事故隐患判定标准》的通知

民办发〔2023〕13 号

各省、自治区、直辖市民政厅（局），新疆生产建设兵团民政局：

现将《养老机构重大事故隐患判定标准》（以下简称《标准》）印发给你们，请认真贯彻执行。

各地民政部门要将《标准》作为养老机构监管的重要依据，单独或者联合有关部门在养老机构行政检查中加强重大事故隐患排查治理工作。养老机构要依法落实重大事故隐患排查治理主体责任，彻底排查、准确判定、及时消除各类重大事故隐患，坚决防范和遏制重特大事故发生。

民政部办公厅

2023 年 11 月 27 日

养老机构重大事故隐患判定标准

第一条 为了合理判定、及时消除养老机构重大事故隐患，根据《中华人民共和国安全生产法》、《中华人民共和国消防法》、《中华人民共和国特种设备安全法》、《养老机构管理办法》、《养老机构服务安全基本规范》等法律法规和强制性标准，制定本标准。

第二条 养老机构未落实安全管理有关法律法规和强制性标准等基本要求，可能导致人员重大伤亡、财产重大损失的，应当判定为存在重大事故隐患。

第三条 养老机构重大事故隐患主要包括以下几方面：

（一）重要设施设备存在严重缺陷；

（二）安全生产相关资格资质不符合法定要求；

（三）日常管理存在严重问题；

（四）严重违法违规提供服务；

（五）其他可能导致人员重大伤亡、财产重大损失的重大事故隐患。

第四条 养老机构重要设施设备存在严重缺陷主要指：

（一）建筑设施经鉴定属于 C 级、D 级危房或者经住房城乡建设部门研判建筑安全存在重大隐患；

（二）经住房城乡建设、消防等部门检查或者第三方专业机构评估判定建筑防火设计、消防、电气、燃气等设施设备不符合法律法规和强制性标准的要求，不具备消防安全技术条件，存在重大事故隐患；

（三）违规使用易燃可燃材料为芯材的彩钢板搭建有人活动的建筑或者大量使用易燃可燃材料装修装饰；

（四）使用未取得许可生产、未经检验或者检验不合格、国家明令淘汰、已经报废的电梯、锅炉、氧气管道等特种设备。

第五条 养老机构安全生产相关资格资质不符合要求主要指：

（一）内设医疗机构的，未依法取得医疗机构执业许可证或者未依法办理备案；

（二）内设食堂的，未依法取得食品经营许可证；

（三）使用未取得相应资格的人员从事特种设备安全管理、检测等工作；

（四）使用未取得相关证书，不能熟练操作消防控制设备人员担任消防控制室值班人员；

（五）允许未经专门培训并取得相应资格的电工、气焊等特种作业人员上岗作业。

第六条 养老机构日常管理存在严重问题主要指：

（一）未建立安保、消防、食品等各项安全管理制度或者未落实相关安全责任制；

（二）未对特种设备、电气、燃气、安保、消防、报警、应急救援等设施设备进行定期检测和经常性维护、保养，导致无法正常使用；

（三）未按规定制定突发事件应急预案或者未定期组织开展应急演练；

（四）未落实 24 小时值班制度、未进行日常安全巡查检查或者对巡查检查发现的突出安全问题未予以整改；

（五）未定期进行安全生产教育和培训，相关工作人员不会操作消防、安保等设施设备，不掌握疏散逃生路线；

（六）因施工等特殊情况需要进行电气焊等明火作业，未按规定办理动火审批手续。

第七条 养老机构严重违法违规提供服务主要指：

（一）将老年人居室或者休息室设置在地下室、半地下室；

（二）内设食堂的，未严格执行原料控制、餐具饮具清洗消毒、食品留样等制度；

（三）向未取得食品生产经营许可的供餐单位订餐或者未按照要求对订购的食品进行查验；

（四）发现老年人患有可能对公共卫生造成重大危害的传染病，未按照相关规定处置。

第八条 其他可能导致人员重大伤亡、财产重大损失的重大事故隐患主要指：

（一）养老机构选址不符合国家有关规定，未与易燃易爆、有毒有害等危险品的生产、经营场所保持安全距离或者设置在自然资源等部门判定存在重大自然灾害高风险区域内；

（二）疏散通道、安全出口、消防车通道被占用、堵塞、封闭；

（三）未设置应急照明、疏散指示标志、安全出口指示标志或者相关指示标志被遮挡。

第九条 相关法律法规和强制性标准对养老机构重大事故隐患判定另有规定的，适用其规定。

第十条 对于情况复杂，难以直接判定是否为重大事故隐患的，各地民政部门可以商请有关部门或者组织有关专家，依据相关法律、法规和强制性标准等，研究论证后综合判定。

第十一条 各地民政部门可以根据本标准，结合实际细化本行政区域内养老机构重大事故隐患判定标准。

第十二条 本标准自公布之日起施行，有效期五年。

自然资源部办公厅关于印发《地质勘查和测绘行业安全生产重点检查事项指引（试行）》的通知

自然资办发〔2023〕51号

各省、自治区、直辖市自然资源主管部门，新疆生产建设兵团自然资源局，中国地质调查局及部其他直属单位，各派出机构，部机关各司局，有关地质勘查和测绘单位：

为深入学习贯彻习近平总书记关于安全生产重要论述，落实党中央、国务院加强安全生产有关决策部署，精准排查地质勘查和测绘行业安全风险隐患、推动问题整改，我部研究制定了《地质勘查和测绘行业安全生产重点检查事项指引（试行）》，现印发给你们，请根据本地区、本单位实际情况，细化完善重点检查事项，抓好工作落实，保障行业安全。重要情况及时报部。

自然资源部办公厅
2023 年 12 月 28 日

地质勘查和测绘行业安全生产重点检查事项指引（试行）

为深入学习贯彻习近平总书记关于安全生产重要论述，落实党中央、国务院加强安全生产有关决策部署，切实提升地质勘查和测绘行业风险隐患排查整改质量，结合行业安全管理工作实际，将以下工作纳入重点检查事项，其中属于自然资源部门职责的，要认真检查推动整改，不属于自然资源部门职责的，要及时转送有关部门，积极协助督促落实隐患整改。

一、安全生产教育培训方面

安全生产教育培训重点检查事项包括但不限于以下事项：

（一）未定期对人员进行安全生产教育培训，特别是每次地勘测绘外业作业都没有进行安全培训或提醒，对驾驶员的交通安全专项培训不到位，对新员工进行安全生产教育培训不够，未建立安全生产教育培训台账。

（二）纳入培训的安全生产相关法规政策文件不全，主管部门关于安全生产工作的提醒、要求和部署未及时传达学习。

（三）纳入培训的安全生产制度细化不够，未充分涵盖安全生产管理规定、生产安全事故应急救援预案、消防应急预案、安全生产常识和操作规程等内容。

（四）未定期组织开展安全生产应急演练。

（五）培训过程流于形式，生产人员不能掌握基本的安全应急处置技能。

二、外业项目驻地安全方面

外业项目驻地安全重点检查事项包括但不限于以下事项：

（一）外业项目驻地存在滑坡、山洪、泥石流等自然灾害以及饮水、动物侵袭风险。

（二）用电线路老化，使用铜铝等金属丝代替熔断丝。

（三）电源线、电源插板随意私拉摆放，存在易破损、易进水等漏电风险。

（四）未配备灭火器，或灭火器过期失效，或灭火器的规格、质量不符合要求。

（五）工具设备放于边坡外侧虚土之上，未整齐摆放在靠山地面牢固一侧，存在滑落损毁的安全隐患。

（六）有尖锐棱角的设备无防护罩（套），存在扎伤人员的安全隐患。

三、外业作业安全方面

外业作业安全重点检查事项包括但不限于以下事项：

（一）未与全部外业人员签订岗位安全生产责任书，落实安全生产责任制。

（二）外业作业前，未对作业人员进行安全知识和安全技能培训，作业人员不熟悉外业作业各类风险防范与应急处理措施。

（三）在连日阴雨、矿区进山道路湿滑、路边陡坡处有滑塌等情况外出作业，存在交通安全隐患。

（四）在道路作业时未设置明显安全警示标识。

（五）外业作业未聘用当地向导，未提前调查作业区域高压线路、地下电缆、油气管道分布情况，未识别判断地层稳定性、有毒气体赋存情况。

（六）油气钻井未安装防喷器，钻井施工存在安全隐患。

（七）探槽深度大于 3 米、宽度小于 0.6 米，两壁坡度过陡，土石堆放过近，存在坍塌风险。

（八）爆破作业未遵守有关技术规范指引，爆炸物品未及时向公安等有关部门报备。

（九）现场存在交叉作业情况，现场施工人员安全防护措施不当，基坑监测、边坡测量作业人员未佩戴安全绳。

（十）在无人区域、高风险区域野外作业时存在单人或单车承担任务的情况，首次参与野外作业人员未与其他有经验人员结队同行。

（十一）仪器与装备搬运过程中，作业人员未佩戴手套和野外作业专用鞋，存在人身安全隐患。

（十二）未按要求佩戴作业安全帽、穿戴反光背心，水上作业未穿戴救生衣。

（十三）外业生产人员未按要求配备通讯工具和定位装置，外业工作期间，未做到每日报送安全情况。

（十四）高温天气户外作业未配备防暑降温药物，作业人员未注意防暑降温，没有避开高温时段作业。

（十五）未及时向测区所在地行业主管部门通报备案。

四、交通安全方面

交通安全重点检查事项包括但不限于以下事项：

（一）单位未定期检查、保养、年检野外用车，外业作业前未检查车况。

（二）驾驶员存在超速、疲劳驾驶、酒驾醉驾等违法行为。

（三）外业作业行车过程中，车辆主副驾和后排人员位置未系安全带，车内物品等过多，遮挡后视镜视线。

（四）在大风扬尘、暴雨、浓雾等极端恶劣天气进行野外行驶。

（五）野外作业期间，未能对车辆和人员的活动轨迹进行全程跟踪记录，不能实时了解其活动情况。

五、实验室、办公室、保密室（档案室）等室内安全方面

实验室等室内安全重点检查事项包括但不限于以下事项：

（一）危险化学品储存、使用和处置等环节存在安全风险。

（二）实验室产生有毒有害气体场所无通风净化设施。

（三）放射性仪器设备无防护装置。

（四）仪器设备的电池在充电过程中人员临时外出，无人值守，存在用电安全隐患。

（五）下班未关闭办公室门窗、电脑和取暖器等电器电源，电源插板随意私拉摆放。

（六）线路及插座老化，或者连接超出线路负载的大功率电器，存在用电安全。

（七）易燃易爆物品随意混淆摆放，未摆放在规定的区域。

（八）堆放纸质材料等易燃助燃物过多，未按有关规定配备消防设施，存在火灾安全隐患。

（九）未定期或按时检查灭火器等消防设施、安全劳保用品是否过期，并及时重新购置、更换。

（十）保密室（档案室）缺乏防虫、防潮措施，灭虫剂、吸水袋未定期更换，缺少监控保密措施。

六、安全装备方面

安全装备重点检查事项包括但不限于以下事项：

（一）单位未给外业作业人员、车辆、船舶和飞机配置北斗终端等报位设备，或报位设备无法正常工作。

（二）在手机通讯信号未覆盖地区作业，单位未给野外作业人员配备必要的卫星电话或卫星电话无法使用。

（三）在手机无信号或信号较弱区域、人员较少区域，单位未禁止外业人员单人外出作业。

（四）单位未配发必要的通讯器材、防雨保温衣物、劳保装备、急救装备等。

（五）单位未严格按照有关规定对仪器装备的安全性能等进行检查。

关于发布《企业突发环境事件隐患排查和治理工作指南（试行）》的公告

公告　2016年　第74号

为贯彻《突发环境事件应急管理办法》，落实企业环境安全主体责任，指导企业开展突发环境事件隐患排查与治理工作，我部制订了《企业突发环境事件隐患排查与治理工作指南（试行)》，现予以发布。

特此公告。

环境保护部

2016年12月6日

企业突发环境事件隐患排查和治理工作指南（试行）

1　适用范围

本指南适用于企业为防范火灾、爆炸、泄漏等生产安全事故直接导致或次生突发环境事件而自行组织的突发环境事件隐患（以下简称隐患）排查和治理。本指南未作规定事宜，应符合有关国家和行业标准的要求或规定。

2 依据

2.1 法律法规规章及规范性文件

《中华人民共和国突发事件应对法》；

《中华人民共和国环境保护法》；

《中华人民共和国大气污染防治法》；

《中华人民共和国水污染防治法》；

《中华人民共和国固体废物污染环境防治法》；

《国家危险废物名录》（环境保护部 国家发展和改革委 公安部令第 39 号）；

《突发环境事件调查处理办法》（环境保护部令第 32 号）；

《突发环境事件应急管理办法》（环境保护部令第 34 号）；

《企业事业单位突发环境事件应急预案备案管理办法（试行）》（环发〔2015〕4 号）。

2.2 标准、技术规范、文件

本指南引用了下列文件中的条款。凡是不注日期的引用文件，其有效版本适用于本指南。

《危险废物贮存污染控制标准》（GB 18597）；

《石油化工企业设计防火规范》（GB 50160）；

《化工建设项目环境保护设计规范》（GB 50483）；

《石油储备库设计规范》（GB 50737）；

《石油化工污水处理设计规范》（GB 50747）；

《石油化工企业给水排水系统设计规范》（SH 3015）；

《石油化工企业环境保护设计规范》（SH 3024）；

《企业突发环境事件风险评估指南（试行）》（环办〔2014〕34 号）；

《建设项目环境风险评价技术导则》（HJ/T169）。

3 隐患排查内容

从环境应急管理和突发环境事件风险防控措施两大方面排查可能直接导致或

次生突发环境事件的隐患。

3.1 企业突发环境事件应急管理

3.1.1 按规定开展突发环境事件风险评估，确定风险等级情况。

3.1.2 按规定制定突发环境事件应急预案并备案情况。

3.1.3 按规定建立健全隐患排查治理制度，开展隐患排查治理工作和建立档案情况。

3.1.4 按规定开展突发环境事件应急培训，如实记录培训情况。

3.1.5 按规定储备必要的环境应急装备和物资情况。

3.1.6 按规定公开突发环境事件应急预案及演练情况。

可参考附表 1 企业突发环境事件应急管理隐患排查表，就上述 3.1.1 至 3.1.6 内容开展相关隐患排查。

3.2 企业突发环境事件风险防控措施

3.2.1 突发水环境事件风险防控措施

从以下几方面排查突发水环境事件风险防范措施：

（1）是否设置中间事故缓冲设施、事故应急水池或事故存液池等各类应急池；应急池容积是否满足环评文件及批复等相关文件要求；应急池位置是否合理，是否能确保所有受污染的雨水、消防水和泄漏物等通过排水系统接入应急池或全部收集；是否通过厂区内部管线或协议单位，将所收集的废（污）水送至污水处理设施处理；

（2）正常情况下厂区内涉危险化学品或其他有毒有害物质的各个生产装置、罐区、装卸区、作业场所和危险废物贮存设施（场所）的排水管道（如围堰、防火堤、装卸区污水收集池）接入雨水或清净下水系统的阀（闸）是否关闭，通向应急池或废水处理系统的阀（闸）是否打开；受污染的冷却水和上述场所的墙壁、地面冲洗水和受污染的雨水（初期雨水）、消防水等是否都能排入生产废水处理系统或独立的处理系统；有排洪沟（排洪涵洞）或河道穿过厂区时，排洪沟（排洪涵洞）是否与渗漏观察井、生产废水、清净下水排放管道连通；

（3）雨水系统、清净下水系统、生产废（污）水系统的总排放口是否设置监视及关闭闸（阀），是否设专人负责在紧急情况下关闭总排口，确保受污染的雨水、消防水和泄漏物等全部收集。

3.2.2 突发大气环境事件风险防控措施

从以下几方面排查突发大气环境事件风险防控措施：

（1）企业与周边重要环境风险受体的各类防护距离是否符合环境影响评价文件及批复的要求；

（2）涉有毒有害大气污染物名录的企业是否在厂界建设针对有毒有害特征污染物的环境风险预警体系；

（3）涉有毒有害大气污染物名录的企业是否定期监测或委托监测有毒有害大气特征污染物；

（4）突发环境事件信息通报机制建立情况，是否能在突发环境事件发生后及时通报可能受到污染危害的单位和居民。

可参考附表 2 企业突发环境事件风险防控措施隐患排查表，结合自身实际制定本企业突发环境事件风险防控措施隐患排查清单。

4 隐患分级

4.1 分级原则

根据可能造成的危害程度、治理难度及企业突发环境事件风险等级，隐患分为重大突发环境事件隐患（以下简称重大隐患）和一般突发环境事件隐患（以下简称一般隐患）。

具有以下特征之一的可认定为重大隐患，除此之外的隐患可认定为一般隐患：

（1）情况复杂，短期内难以完成治理并可能造成环境危害的隐患；

（2）可能产生较大环境危害的隐患，如可能造成有毒有害物质进入大气、水、土壤等环境介质次生较大以上突发环境事件的隐患。

4.2 企业自行制定分级标准

企业应根据前述关于重大隐患和一般隐患的分级原则、自身突发环境事件风险等级等实际情况，制定本企业的隐患分级标准。可以立即完成治理的隐患一般可不判定为重大隐患。

5 企业隐患排查治理的基本要求

5.1 建立完善隐患排查治理管理机构

企业应当建立并完善隐患排查管理机构，配备相应的管理和技术人员。

5.2 建立隐患排查治理制度

企业应当按照下列要求建立健全隐患排查治理制度：

5.2.1 建立隐患排查治理责任制。企业应当建立健全从主要负责人到每位作业人员，覆盖各部门、各单位、各岗位的隐患排查治理责任体系；明确主要负责人对本企业隐患排查治理工作全面负责，统一组织、领导和协调本单位隐患排查治理工作，及时掌握、监督重大隐患治理情况；明确分管隐患排查治理工作的组织机构、责任人和责任分工，按照生产区、储运区或车间、工段等划分排查区域，明确每个区域的责任人，逐级建立并落实隐患排查治理岗位责任制。

5.2.2 制定突发环境事件风险防控设施的操作规程和检查、运行、维修与维护等规定，保证资金投入，确保各设施处于正常完好状态。

5.2.3 建立自查、自报、自改、自验的隐患排查治理组织实施制度。

5.2.4 如实记录隐患排查治理情况，形成档案文件并做好存档。

5.2.5 及时修订企业突发环境事件应急预案、完善相关突发环境事件风险防控措施。

5.2.6 定期对员工进行隐患排查治理相关知识的宣传和培训。

5.2.7 有条件的企业应当建立与企业相关信息化管理系统联网的突发环境事件隐患排查治理信息系统。

5.3 明确隐患排查方式和频次

5.3.1 企业应当综合考虑企业自身突发环境事件风险等级、生产工况等因素合理制定年度工作计划，明确排查频次、排查规模、排查项目等内容。

5.3.2 根据排查频次、排查规模、排查项目不同，排查可分为综合排查、日常排查、专项排查及抽查等方式。企业应建立以日常排查为主的隐患排查工作机制，及时发现并治理隐患。

综合排查是指企业以厂区为单位开展全面排查，一年应不少于一次。

日常排查是指以班组、工段、车间为单位，组织的对单个或几个项目采取日常的、巡视性的排查工作，其频次根据具体排查项目确定。一月应不少于一次。

专项排查是在特定时间或对特定区域、设备、措施进行的专门性排查。其频次根据实际需要确定。

企业可根据自身管理流程，采取抽查方式排查隐患。

5.3.3　在完成年度计划的基础上，当出现下列情况时，应当及时组织隐患排查：

（1）出现不符合新颁布、修订的相关法律、法规、标准、产业政策等情况的；

（2）企业有新建、改建、扩建项目的；

（3）企业突发环境事件风险物质发生重大变化导致突发环境事件风险等级发生变化的；

（4）企业管理组织应急指挥体系机构、人员与职责发生重大变化的；

（5）企业生产废水系统、雨水系统、清净下水系统、事故排水系统发生变化的；

（6）企业废水总排口、雨水排口、清净下水排口与水环境风险受体连接通道发生变化的；

（7）企业周边大气和水环境风险受体发生变化的；

（8）季节转换或发布气象灾害预警、地质地震灾害预报的；

（9）敏感时期、重大节假日或重大活动前；

（10）突发环境事件发生后或本地区其他同类企业发生突发环境事件的；

（11）发生生产安全事故或自然灾害的；

（12）企业停产后恢复生产前。

5.4　隐患排查治理的组织实施

5.4.1　自查。企业根据自身实际制定隐患排查表，包括所有突发环境事件风险防控设施及其具体位置、排查时间、现场排查负责人（签字）、排查项目现状、是否为隐患、可能导致的危害、隐患级别、完成时间等内容。

5.4.2　自报。企业的非管理人员发现隐患应当立即向现场管理人员或者本单位有关负责人报告；管理人员在检查中发现隐患应当向本单位有关负责人报告。接到报告的人员应当及时予以处理。

在日常交接班过程中，做好隐患治理情况交接工作；隐患治理过程中，明确每一工作节点的责任人。

5.4.3　自改。一般隐患必须确定责任人，立即组织治理并确定完成时限，治理完成情况要由企业相关负责人签字确认，予以销号。

重大隐患要制定治理方案，治理方案应包括：治理目标、完成时间和达标要求、治理方法和措施、资金和物资、负责治理的机构和人员责任、治理过程中的风险防控和应急措施或应急预案。重大隐患治理方案应报企业相关负责人签发，抄送企业相关部门落实治理。

企业负责人要及时掌握重大隐患治理进度，可指定专门负责人对治理进度进行跟踪监控，对不能按期完成治理的重大隐患，及时发出督办通知，加大治理力度。

5.4.4　自验。重大隐患治理结束后企业应组织技术人员和专家对治理效果进行评估和验收，编制重大隐患治理验收报告，由企业相关负责人签字确认，予以销号。

5.5　加强宣传培训和演练

企业应当定期就企业突发环境事件应急管理制度、突发环境事件风险防控措施的操作要求、隐患排查治理案例等开展宣传和培训，并通过演练检验各项突发环境事件风险防控措施的可操作性，提高从业人员隐患排查治理能力和风险防范水平。如实记录培训、演练的时间、内容、参加人员以及考核结果等情况，并将培训情况备案存档。

5.6　建立档案

及时建立隐患排查治理档案。隐患排查治理档案包括企业隐患分级标准、隐患排查治理制度、年度隐患排查治理计划、隐患排查表、隐患报告单、重大隐患治理方案、重大隐患治理验收报告、培训和演练记录以及相关会议纪要、书面报告等隐患排查治理过程中形成的各种书面材料。隐患排查治理档案应至少留存五年，以备环境保护主管部门抽查。

企业突发环境事件应急管理隐患排查表
（企业可参考本表制定符合本企业
实际情况的自查用表）

排查时间：　　年　　月　　日　　　　　现场排查负责人（签字）：

排查内容	具体排查内容	排查结果		
		是，证明材料	否，具体问题	其他情况
1. 是否按规定开展突发环境事件风险评估，确定风险等级	（1）是否编制突发环境事件风险评估报告，并与预案一起备案。			
	（2）企业现有突发环境事件风险物质种类和风险评估报告相比是否发生变化。			
	（3）企业现有突发环境事件风险物质数量和风险评估报告相比是否发生变化。			
	（4）企业突发环境事件风险物质种类、数量变化是否影响风险等级。			
	（5）突发环境事件风险等级确定是否正确合理。			
	（6）突发环境事件风险评估是否通过评审。			
2. 是否按规定制定突发环境事件应急预案并备案	（7）是否按要求对预案进行评审，评审意见是否及时落实。			
	（8）是否将预案进行了备案，是否每三年进行回顾性评估。			
	（9）出现下列情况预案是否进行了及时修订。 1）面临的突发环境事件风险发生重大变化，需要重新进行风险评估； 2）应急管理组织指挥体系与职责发生重大变化； 3）环境应急监测预警机制发生重大变化，报告联络信息及机制发生重大变化； 4）环境应急应对流程体系和措施发生重大变化； 5）环境应急保障措施及保障体系发生重大变化； 6）重要应急资源发生重大变化； 7）在突发环境事件实际应对和应急演练中发现问题，需要对环境应急预案作出重大调整的。			

排查内容	具 体 排 查 内 容	排 查 结 果		
		是，证明材料	否，具体问题	其他情况
3. 是否按规定建立健全隐患排查治理制度，开展隐患排查治理工作和建立档案	（10）是否建立隐患排查治理责任制。			
	（11）是否制定本单位的隐患分级规定。			
	（12）是否有隐患排查治理年度计划。			
	（13）是否建立隐患记录报告制度，是否制定隐患排查表。			
	（14）重大隐患是否制定治理方案。			
	（15）是否建立重大隐患督办制度。			
	（16）是否建立隐患排查治理档案。			
4. 是否按规定开展突发环境事件应急培训，如实记录培训情况	（17）是否将应急培训纳入单位工作计划。			
	（18）是否开展应急知识和技能培训。			
	（19）是否健全培训档案，如实记录培训时间、内容、人员等情况。			
5. 是否按规定储备必要的环境应急装备和物资	（20）是否按规定配备足以应对预设事件情景的环境应急装备和物资。			
	（21）是否已设置专职或兼职人员组成的应急救援队伍。			
	（22）是否与其他组织或单位签订应急救援协议或互救协议。			
	（23）是否对现有物资进行定期检查，对已消耗或耗损的物资装备进行及时补充。			
6. 是否按规定公开突发环境事件应急预案及演练情况	（24）是否按规定公开突发环境事件应急预案及演练情况。			

企业突发环境事件风险防控措施隐患排查表

企业可参考本表制定符合本企业实际情况的自查用表。一般企业有多个风险单元，应针对每个单元制定相应的隐患排查表。

排查时间： 年 月 日　　　　　　现场排查负责人（签字）：

排 查 项 目	现状	可能导致的危害（是隐患的填写）	隐患级别	治理期限	备注
一、中间事故缓冲设施、事故应急水池或事故存液池（以下统称应急池）					
1. 是否设置应急池。					
2. 应急池容积是否满足环评文件及批复等相关文件要求。					
3. 应急池在非事故状态下需占用时，是否符合相关要求，并设有在事故时可以紧急排空的技术措施。					
4. 应急池位置是否合理，消防水和泄漏物是否能自流进入应急池；如消防水和泄漏物不能自流进入应急池，是否配备有足够能力的排水管和泵，确保泄漏物和消防水能够全部收集。					
5. 接纳消防水的排水系统是否具有接纳最大消防水量的能力，是否设有防止消防水和泄漏物排出厂外的措施。					
6. 是否通过厂区内部管线或协议单位，将所收集的废（污）水送至污水处理设施处理。					
二、厂内排水系统					
7. 装置区围堰、罐区防火堤外是否设置排水切换阀，正常情况下通向雨水系统的阀门是否关闭，通向应急池或污水处理系统的阀门是否打开。					
8. 所有生产装置、罐区、油品及化学原料装卸台、作业场所和危险废物贮存设施（场所）的墙壁、地面冲洗水和受污染的雨水（初期雨水）、消防水，是否都能排入生产废水系统或独立的处理系统。					
9. 是否有防止受污染的冷却水、雨水进入雨水系统的措施，受污染的冷却水是否都能排入生产废水系统或独立的处理系统。					

（续）

排　查　项　目	现状	可能导致的危害（是隐患的填写）	隐患级别	治理期限	备注
10. 各种装卸区（包括厂区码头、铁路、公路）产生的事故液、作业面污水是否设置污水和事故液收集系统，是否有防止事故液、作业面污水进入雨水系统或水域的措施。					
11. 有排洪沟（排洪涵洞）或河道穿过厂区时，排洪沟（排洪涵洞）是否与渗漏观察井、生产废水、清净下水排放管道连通。					
三、雨水、清净下水和污（废）水的总排口					
12. 雨水、清净下水、排洪沟的厂区总排口是否设置监视及关闭闸（阀），是否设专人负责在紧急情况下关闭总排口，确保受污染的雨水、消防水和泄漏物等排出厂界。					
13. 污（废）水的排水总出口是否设置监视及关闭闸（阀），是否设专人负责关闭总排口，确保不合格废水、受污染的消防水和泄漏物等不会排出厂界。					
四、突发大气环境事件风险防控措施					
14. 企业与周边重要环境风险受体的各种防护距离是否符合环境影响评价文件及批复的要求。					
15. 涉有毒有害大气污染物名录的企业是否在厂界建设针对有毒有害污染物的环境风险预警体系。					
16. 涉有毒有害大气污染物名录的企业是否定期监测或委托监测有毒有害大气特征污染物。					
17. 突发环境事件信息通报机制建立情况，是否能在突发环境事件发生后及时通报可能受到污染危害的单位和居民。					

关于发布核安全导则《压水堆核动力厂应急行动水平制定》的通知

国核安发〔2022〕239 号

为进一步完善我国核与辐射安全法规体系，规范压水堆核动力厂应急行动水平制定，我局组织制定了核安全导则《压水堆核动力厂应急行动水平制定》，现予公布，自公布之日起实施。

国家核安全局

2022 年 11 月 21 日

压水堆核动力厂应急行动水平制定

本导则由国家核安全局负责解释。

本导则是指导性文件。在实际工作中可以采用不同于本导则的方法和方案，但必须证明所采用的方法和方案至少具有与本导则相同的安全水平。

本导则的附录为参考性文件。

1 引言

1.1 目的

应急行动水平(Emergency Action Levels，EAL)是核动力厂启动应急与评判应急状态等级的重要依据。营运单位应根据其核动力厂的设计特征和厂址特征，确定用于应急状态分级的初始条件(Initiating Condition，IC)及其相应的应急行动水平。

本文件为压水堆核动力厂营运单位应急行动水平的制定及国务院核安全监督管理部门对应急行动水平的审查和监督提供指导。

压水堆核动力厂营运单位应根据本文件制定符合其特点的应急行动水平。如果核动力厂的特征与本文件中的初始条件和应急行动水平的示例不兼容，则应确定可替代的 IC 或 EAL。

1.2 范围

本文件适用于压水堆核动力厂营运单位应急行动水平的制定，其他核设施应急行动水平的制定可参照执行。

本文件描述了压水堆核动力厂营运单位应急行动水平制定的通用方法，主要包括：

（1）制定应急行动水平的基本要求；

（2）初始条件矩阵；

（3）应急行动水平示例。

2 基本概念与要求

2.1 应急状态等级

应急状态分级是对核动力厂偏离正常运行工况的事件或事故，根据其潜在或实际的影响或后果，将应急状态分为不同的等级。核动力厂的应急状态等级分为应急待命（U）、厂房应急（A）、场区应急（S）和场外应急（G）。

（1）应急待命　出现可能危及核动力厂安全的某些特定工况或事件，表明核动力厂安全水平处于不确定状态或可能有明显降低。

（2）厂房应急　核动力厂的安全水平有实际的或潜在的大的降低，但事件的后果仅限于厂房或场区的局部区域，不会对场外产生威胁。

（3）场区应急　核动力厂的工程安全设施可能严重失效，安全水平发生重大降低，事故后果扩大到整个场区，场区边界外放射性照射水平不会超过①紧急防护行动干预水平，早期的信息和评价表明场外尚不必采取防护措施。

（4）场外应急　发生或可能发生放射性物质的大量释放，事故后果超越场区边界，导致场外的放射性照射水平超过紧急防护行动干预水平，以至于有必要采取场外防护措施。

---

① "不会超过"意味着仅占紧急防护行动的通用优化干预水平的一小部分，一般建议取 10%。

2.2 初始条件（IC）和应急行动水平（EAL）

2.2.1 初始条件是预先确定的，能触发核动力厂进入某种应急状态的工况或事件。初始条件所描述的工况或事件，其严重性或后果要与其应急状态等级相一致。

2.2.2 初始条件可以表示为连续的、可测量的变量（如一回路水位）或事件（如地震），或者一道或多道裂变产物屏障的状态（如反应堆冷却剂系统（RCS）屏障丧失）。

2.2.3 应急行动水平是为某一初始条件预先确定的、核动力厂特定的、可观测的阈值，当满足或超过该阈值时，核动力厂进入相应的应急状态等级。

2.2.4 应急行动水平可以是仪表读数、设备状态指示、可测量参数（场内或场外）、可观察的事件、分析结果、特定操作规程的入口或其他导致进入特定应急状态等级的情况。

2.2.5 初始条件和应急行动水平应当是明确且易于操作的。

2.3 IC 和 EAL 的识别类

2.3.1 将初始条件及应急行动水平按照一定的方式分为若干识别类，识别类应能够覆盖所有应急行动水平。

2.3.2 营运单位可根据机组特性，从便于操作的角度出发确定所适用的识别类。识别类一般可分为如下几种[②]：

辐射水平/流出物放射性异常类（A 类）

裂变产物屏障类（F 类）

影响核动力厂安全的危害和其他事件类（H 类）

热态下的系统故障类（S 类）

冷态下的系统故障类（C 类）

独立乏燃料贮存设施类（E 类）[③]

2.4 IC 和 EAL 的适用条件

2.4.1 核动力厂营运单位制定应急行动水平时，IC 和 EAL 的适用条件随核动力厂的运行模式而变化。比如，一些基于征兆的 IC 和 EAL 只能在功率运行、启动或热备用/热停堆模式下进行评估，此时所有裂变产物屏障都在正常状态下，

---

② 在考虑了所有运行模式的适用性要求的情况下，也可将识别类别 S 和 C 中的 IC 和 EAL 合并。

③ E 类仅适用于场内有独立乏燃料贮存设施的核动力厂。

且核动力厂仪表和安全系统处于完全运行状态。而在冷停堆和换料模式下，计划维修会带来系统的开放，某些安全系统部件可能不可用，因此，要使用不同的基于征兆的 IC 和 EAL 以反映这些特征。

2.4.2 营运单位需要将机组技术规格书中的标准运行模式纳入应急状态分级中。IC 和 EAL 的适用条件中所使用的运行模式应与该核动力厂技术规格书中规定的运行模式保持一致。

2.4.3 不同压水堆堆型的运行模式会有不同，但通常可分为：反应堆功率运行、启动、热备用、热停堆、冷停堆、换料、卸料。其中，反应堆功率运行、启动、热备用、热停堆运行模式归为热态，冷停堆、换料、卸料运行模式归为冷态。IC 和 EAL 的适用条件应能全面覆盖所适用的运行模式。

2.4.4 营运单位应给出核动力厂每个运行模式下所适用的识别类。每一个给定的识别类的 IC 和 EAL 适用于指定的运行模式。

2.5 应急行动水平制定的核动力厂特定信息

2.5.1 核动力厂营运单位应根据核动力厂的厂址条件、设计、运行等特征，确定应急状态分级的初始条件及其相应的应急行动水平。

2.5.2 影响应急行动水平制定的核动力厂设计特征主要有：安全功能设计；监测系统仪表、设备的配置特征；技术规格书；特定操作规程；严重事故分析（如概率安全分析）中得到的相关信息等。

2.5.3 应考虑在核动力厂的特定操作规程中设置适当的可视的提示（例如，步骤、注释、警告等），提醒用户参考应急状态分级程序。例如，可以在 RCS 泄漏异常操作规程的开头设置一个步骤、注释或警告，提醒用户应进行应急状态分级。

2.5.4 虽然不推荐将 IC 和 EAL 精准严格地结合到核动力厂的特定操作规程中，但应保持操作规程中的操作诊断和应急状态等级评估之间的良好的一致性。比如，裂变产物屏障阈值中使用的值可从特定操作规程中提取。

2.5.5 应急行动水平中所用到的仪表的设定值，应是对所描述的事件或工况最具操作意义的值，并确保设定值在仪器的有效测量范围内。

2.6 应急状态的分级

2.6.1 为了进行应急状态分级，要将工况或事件（如核动力厂相关的状态指示和事件报告等）与 EAL 进行比较，确定是否达到或超过 EAL。EAL 的评估必须与相关运行模式的适用性一致。如果达到或超过 EAL，则认为 IC 满足，并根据程序宣布进入相应的应急状态等级。

2.6.2 对于有规定时长（如15分钟、30分钟等）的 IC 和 EAL，应在判定该情况已超过或可能超过规定时间后立即宣布，而不应等到完全达到该规定时长。如果监测到正在进行放射性释放，而释放开始时间未知，则应假定已超过 IC/EAL 中规定的释放持续时间。

2.6.3 有些计划内的工作活动，如系统或部件的测试、操作、维修、维护或修改等，可能导致预期事件或状态达到或超过 EAL，如果这些活动是按计划进行的，且仍在运行许可证规定的限制范围内，则不需要进入应急状态。

2.6.4 分级过程中运行模式变化的考虑

IC 所适用的运行模式是在事件或条件发生时的模式，以及在机组或操作员采取任何响应之前的模式。如果某个工况或事件发生，并在宣布应急之前导致了模式的变化，则应急状态分级仍应基于工况或事件触发时（而不是宣布时）的运行模式。一旦达到不同的运行模式，如果出现与原始工况或事件无关的、需要应急状态分级的新的工况或事件，则应根据新工况或事件发生时的运行模式进行评估。

对于在冷停堆或换料过程中发生的事件，即使在随后的核动力厂响应过程中进入热停堆（或反应堆功率运行、启动、热备用等更高的模式），仍应通过适用于冷停堆或换料模式的 EAL 进行升级。特别是裂变产物屏障类的 EAL，仅适用于在热停堆模式或更高模式下触发的那些事件。

2.6.5 应急状态等级的升级

对于进展迅速或复杂的事件，在宣布某一应急状态等级后，如因事件造成的风险进一步扩大，则需要对应急状态等级进行升级：

（1）对于迅速发展的事件，若经应急指挥判断，可能在较短的时间内就会发生应急状态等级的变化，若随后出现的应急行动水平对应更高的应急状态等级，则应按照已经达到该应急行动水平提高应急状态等级；

（2）已知或预期的潜在辐射影响明显高于当前应急行动水平划分的最高应急状态，可考虑升级；

（3）超过核动力厂设计、安全和运行范围的程度明显高于当前应急行动水平对应的最高应急状态，可考虑升级。

2.6.6 应急状态等级的终止和降级

当达到最高 IC 和 EAL 的工况或事件不再存在，并且达到核动力厂特定的应急终止条件，应急状态直接予以终止。

对于因仪表显示值不准确或有误，或因初始征兆判断不准确或有误，而导致应急状态等级评判过高的情况，当发现并核实后，可作降级处理。

2.6.7 多重事件和工况的分级

应识别所有达到或超过的 EAL，应急状态等级为所触发的最高应急状态等级。例如：当厂房应急和场区应急的应急行动水平都达到时，不管是同一机组还是不同机组都应该宣布场区应急。

一般情况下，满足相同应急状态等级的多个 EAL，应急状态等级不变，例如：如果达到两个厂房应急的 EAL，不管是同一机组还是不同机组都应该宣布厂房应急。

但当不同事件触发应急状态等级相同的多个 EAL 并且对核动力厂的安全威胁明显增大时，或对于导致同一应急状态的非共因事件（或无法判断是否为共因事件）时，应急指挥应参照应急状态等级的定义和 2.6.5 节的升级条件，综合判断是否升级。

2.6.8 瞬态工况的分级

对于可能触发应急行动水平的瞬态工况，应立即进行分析判断，并与应急行动水平比较，在 15 分钟内给出应急状态等级的判断：

（1）如在 15 分钟内满足以下条件之一，可以不进入应急状态。

a）核动力厂已恢复正常，经确认没有造成后果，在实施纠正措施的过程中，核动力厂没有进一步受损；

b）满足其他的终止准则。

（2）如在实施纠正措施的过程中，核动力厂进一步受损，经确认无法恢复正常，则应根据应急行动水平立即进入应急状态。

（3）对确认已发生的某些瞬态事件，若发现时已经结束，即使发生时达到或超过了某个 EAL，也不再对其进行应急状态分级并进入应急状态。

（4）在核动力厂正常运行中，对设定的工况或因操作员正当操作导致的工况，即使导致某些参数或判据达到某个 EAL，若该工况仍在可控范围内，也不据此进入应急状态。

3 初始条件与应急行动水平

3.1 概述

3.1.1 初始条件矩阵用于描述初始条件和核动力厂应急状态的对应关系，给出可能触发核动力厂应急状态的初始条件，快速判断是否需要进入应急状态以及确定应急状态的等级。初始条件矩阵是应急行动水平制定的基本框架。

3.1.2 在初始条件矩阵中，通常按应急状态等级递增或递减的顺序说明各种识别类中每一个初始条件与应急状态等级之间的对应关系以及这种对应关系的适用条件。

3.2 A 类初始条件与应急行动水平

3.2.1 A 类初始条件和应急行动水平针对的是非计划和不可控的放射性物质的释放以及辐射水平的异常情况，适用于所有运行模式。

3.2.2 A 类的分级主要依据辐射监测仪表的读数和环境放射性后果评价结果。对于基于流出物辐射监测仪表读数的分级的前提是已经发生了经过该仪表监测路径的排放，如果采取了措施对该排放路径进行了隔离，阻止了该路径的排放，则这些仪表的读数不再用于分级。

3.2.3 表1给出了 A 类初始条件矩阵，压水堆核动力厂营运单位可在此基础上确定适用于本核动力厂的初始条件和应急行动水平。A 类初始条件主要包括非计划的流出物放射性异常、辐照过的燃料事件和区域辐射水平异常等事件类别。

表 1　识别类 A　辐射水平或流出物放射性异常初始条件矩阵

事件类别	应急待命	厂房应急	场区应急	场外应急
非计划的流出物放射性异常	AU1：流出物排放的放射性水平超过设施相关排放管理限值的 2 倍，持续时间达到或超过 60 分钟。 适用条件：全部运行模式	AA1：流出物排放的放射性水平超过设施相关排放管理限值的 200 倍，持续时间达到或超过 15 分钟。 适用条件：全部运行模式	AS1：在实际或预期释放时间内，释放的气态放射性物质导致场区边界处或场区边界外个人有效剂量大于 1 mSv，或甲状腺待积吸收剂量大于 10 mGy。 适用条件：全部运行模式	AG1：在实际或预期释放时间内，释放的气态放射性物质导致场区边界处或场区边界外个人有效剂量大于 10 mSv，或甲状腺待积吸收剂量大于 100 mGy。 适用条件：全部运行模式
辐照过的燃料事件	AU2：辐照过的燃料上方水位非计划下降。 适用条件：全部运行模式	AA2：辐照过的燃料上方水位发生显著下降，或者辐照过的燃料发生严重损坏。 适用条件：全部运行模式	AS2：乏燃料池水位下降导致乏燃料裸露。 适用条件：全部运行模式	AG2：乏燃料池水位下降导致乏燃料裸露 60 分钟以上或更长时间。 适用条件：全部运行模式
区域辐射水平异常		AA3：区域④辐射水平异常导致无法正常实施操作，影响了核动力厂的正常运行、冷却或者停堆。 适用条件：全部运行模式		

---

④　如主控室。

3.2.4 AU1针对非计划排放的流出物的放射性水平超过机组相关排放管理限值的2倍且持续时间达到或超过60分钟的情况。该初始条件主要指超过了管理限值的低水平的放射性物质的排放，并且该排放持续了一段时间，表明核动力厂安全水平发生了潜在下降。AU1可包括：

（1）流出物（如气态排放的流出物）辐射监测仪表的读数（包括仪表监测路径上的连续排放与批量排放的情况）大于机组相关排放管理限值的2倍且持续时间达到或超过60分钟；

（2）流出物（如气态排放的流出物）放射性取样分析表明其浓度或释放率大于机组相关排放管理限值的2倍且持续时间达到或超过60分钟。

3.2.5 AA1针对非计划排放的流出物的放射性水平超过机组相关排放管理限值的200倍且持续时间达到或超过15分钟的情况。该初始条件主要指超过了管理限值的放射性物质的排放，并且持续了一段时间，表明核动力厂的安全水平发生了实际的或潜在的重大下降。AA1可包括：

（1）流出物（如气态排放的流出物）辐射监测仪表的读数（包括仪表监测路径上的连续排放与批量排放的情况）大于机组相关排放管理限值的200倍且持续时间达到或超过15分钟；

（2）流出物（如气态排放的流出物）放射性取样分析表明其浓度或释放率大于机组相关排放管理限值的200倍且持续时间达到或超过15分钟。

3.2.6 AS1针对的是在实际或预期释放时间内，释放的气态放射性物质导致场区边界处或场区边界外个人有效剂量大于1 mSv或甲状腺待积吸收剂量大于10 mGy的情况。该初始条件主要指气态放射性物质的释放（包括监测到或未监测到的）导致场外实际或预期的剂量大于通用干预水平的10%，表明与保护公众相关的一些安全系统失效。AS1可包括：

（1）气态流出物的辐射监测仪表的读数大于预先设置的阈值且监测仪表的读数超过阈值的时长持续或超过15分钟；

（2）使用实际气象条件的剂量评价结果表明场区边界处或场区边界外个人有效剂量大于1 mSv或甲状腺待积吸收剂量大于10 mGy；

（3）环境辐射监测仪表的读数大于1 mSv/h且预期持续时间等于或大于60分钟，或者监测样品分析表明60分钟吸入导致甲状腺剂量超过10 mGy等情形。

3.2.7 AG1针对的是在实际或预期释放时间内，释放的气态放射性物质导致场区边界处或场区边界外个人有效剂量大于10 mSv或甲状腺待积吸收剂量大于100 mGy的情况，表明需要采取保护公众的场外防护行动。AG1可包括：

（1）气态流出物的辐射监测仪表的读数大于预先设置的阈值且监测仪表的读数超过阈值的时长持续或超过 15 分钟；

（2）使用实际气象条件的剂量评价结果表明场区边界处或场区边界外个人有效剂量大于 10 mSv 或甲状腺待积吸收剂量大于 100 mGy；

（3）环境辐射监测仪表的读数大于 10 mSv/h 且持续时间等于或超过 60 分钟，或者现场监测样品分析表明 60 分钟吸入导致甲状腺剂量超过 100 mGy 等情形。

3.2.8　AU2 针对的是辐照过的燃料上方水位非计划下降的情况，主要指换料路径上（反应堆水池、燃料传输通道、乏燃料水池）辐照过的燃料上方水位下降同时导致辐射水平升高。该状态可能是更为严重的事态的先兆，表明了核动力厂安全水平的潜在下降。有关压力容器内辐照过的燃料上部水位下降的应急状态可归到 C 类中进行分级。

3.2.9　AA2 针对的是辐照过的燃料上方水位发生显著下降或者辐照过的燃料发生严重损坏的情形，主要指辐照过的燃料组件即将或者已经受到了损坏以及乏燃料池的水位严重下降的状态。该类事件威胁到核动力厂员工的安全，且有可能引发放射性物质向环境的释放，因而导致核动力厂安全水平发生了实际或潜在的重大降级。有关压力容器内辐照过的燃料上部水位下降的应急状态可归到 C 类中进行分级。AA2 可包括：

（1）位于反应堆换料路径上辐照过的燃料的裸露；

（2）辐照过的燃料组件损伤导致放射性物质泄漏；

（3）乏燃料水池水位下降到人员辐射屏蔽水位下限位置。

3.2.10　AS2　针对的是乏燃料池的水位发生重大下降导致需要立即补水的情况。该初始条件主要指乏燃料池的水装量控制和补水能力严重丧失导致燃料元件即将裸露的情形，表明核动力厂保护公众的安全功能严重失效。该情况对应的水位阈值一般指的是乏燃料仍然保持覆盖但需要立刻进行补水的水位值。

3.2.11　AG2　针对的是乏燃料池的水位下降到导致乏燃料裸露的高度且持续时间超过 60 分钟或更长时间的情况。该初始条件主要指乏燃料池的水装量控制和补水能力严重丧失导致燃料元件长期裸露，将导致燃料损坏和放射性物质向环境释放。该情况对应的水位阈值一般指的是乏燃料仍然保持覆盖但需要立刻进行补水的水位值。

3.2.12　AA3　针对的是区域辐射水平异常导致无法正常实施操作以致影响了核动力厂的正常运行、冷却或者停堆的情况。该初始条件主要指由于某个厂房或者区域的辐射水平升高导致工作人员无法维持核动力厂正常运行或实施冷却及停堆操作，或者使这些操作活动受到阻碍的情形，表明核动力厂的安全水平发生了实际或者潜在的重大降级。AA3 可包括：

（1）在需要连续停留以维持核动力厂正常运行、实施正常冷却或者停堆的区域（如主控室）的剂量率大于 0.15 mSv/h;

（2）异常事件导致相关区域辐射水平增加使得进入这些区域实施上述操作的行动延迟或者无法实施的情形。

3.3　F 类初始条件与应急行动水平

3.3.1　F 类初始条件和应急行动水平表征了反应堆堆芯中裂变产物屏障受到威胁的程度。该程度体现在屏障的损坏程度（丧失或潜在丧失）和同时受威胁的屏障数目。适用于反应堆功率运行、启动、热备用、热停堆模式。与裂变产物屏障相关的应急待命初始条件在系统故障类（S 类）中考虑。

3.3.2　反应堆堆芯中裂变产物的屏障包括燃料包壳、反应堆冷却剂系统（RCS）压力边界和安全壳。燃料包壳屏障包括所有堆芯燃料芯块的包壳。RCS 压力边界屏障包括 RCS 一回路侧、稳压器安全阀、卸压阀，直至一回路隔离阀及其上游的所有连接管线和阀门。安全壳屏障包括安全壳构筑物，安全壳隔离阀及其上游的所有部件。该屏障还包括主蒸汽管线、给水管线、吹除管线，二次侧隔离阀及其上游的所有连接部件。

3.3.3　F 类初始条件和应急行动水平的判定主要依赖于核动力厂运行模式下指示安全系统状态的监测系统能力。当运行模式为功率运行、启动、热备用、热停堆时，所有屏障正常，仪表和应急设施按技术规格书的要求使用，此时通常由仪表读数或定期取样来识别一道或多道屏障是否受到威胁。当核动力厂进入冷停堆和换料、卸料运行模式时，RCS 压力边界或安全壳可能开放，对裂变产物的屏障能力下降。此时，在功率运行阶段运行的安全系统只有少数维持在原有的运行状态，对安全系统状态的监测能力也受到很大限制，基于仪表读数的 F 类初始条件和应急行动水平可能不适用。

3.3.4　表2 给出了 F 类的初始条件矩阵，使用流程如图1 所示。在这些初始条件中应注意：

（1）燃料包壳和 RCS 压力边界屏障比安全壳屏障的重要性更高。

（2）对于涉及放射性释放的事故工况，裂变产物屏障阈值的评估需要与剂量评估一起进行，以确保正确和及时地升级应急状态等级。例如，对裂变产物屏障阈值的评估可能导致进入场区应急，而剂量评估可能表明已超过场外应急 AG1 的 EAL。

（3）制定 EAL 时，裂变产物屏障阈值应反映核动力厂的特定设计和运行特征，给出核动力厂特定的判断依据，以便及时准确地对裂变产物屏障丧失和/或潜在丧失进行分类⑤。

表 2　识别类 F　裂变产物屏障失初始条件矩阵

厂 房 应 急	场 区 应 急	场 外 应 急
FA1：燃料包壳或 RCS 压力边界屏障丧失或潜在丧失。 适用条件：功率运行、启动、热备用、热停堆	FS1：有两道裂变产物屏障丧失或潜在丧失。 适用条件：功率运行、启动、热备用、热停堆	FG1：有两道裂变产物屏障丧失，且第三道裂变产物屏障丧失或潜在丧失。 适用条件：功率运行、启动、热备用、热停堆

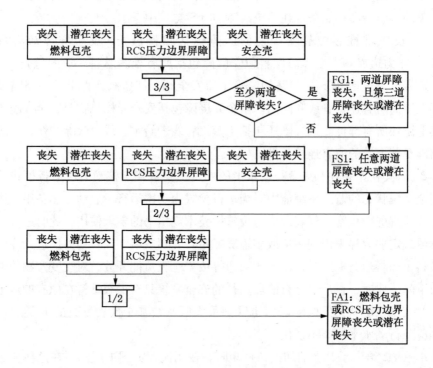

图 1　识别类 F 的使用流程图

---

⑤　采用 IC 和裂变产物包容屏障阈值的可替代的表示方法也是可以接受的，但必须确保厂址特定的方法能解决 EAL 裂变产物包容屏障表中显示的所有可能的阈值组合和分类结果。

表 3　裂变产物屏障表　屏障丧失或潜在丧失的阈值

燃料包壳屏障		RCS 压力边界屏障		安全壳屏障	
丧失	潜在丧失	丧失	潜在丧失	丧失	潜在丧失
1RCS 或蒸汽发生器传热管泄漏		1RCS 或蒸汽发生器传热管泄漏		1RCS 或蒸汽发生器传热管泄漏	
不适用	A　RCS/反应堆压力容器水位低于【核动力厂特定水位】。	A　以下任一情况需要自动或手动启动ECCS(SI)：1. 不可隔离的RCS 泄漏；或2. 蒸汽发生器传热管破裂。	A　以下任一情况泄漏超过上充补偿能力：1. 不可隔离的RCS 泄漏；或2. 蒸汽发生器传热管泄漏。或B　RCS 冷却速率大于【核动力厂特定承压热冲击准则/由核动力厂特定指示定义的限值】。	A　一台蒸汽发生器泄漏或传热管破裂，且该蒸汽发生器不能隔离（安全壳外）。	不适用
2　热量导出能力不足		2　热量导出能力不足		2　热量导出能力不足	
A　堆芯出口热电偶读数大于【核动力厂特定温度值】。	A　堆芯出口热电偶读数大于【核动力厂特定温度值】；或B　蒸汽发生器【核动力厂特定指示】表明，RCS 热量导出能力不足。	不适用	A　蒸汽发生器【核动力厂特定指示】显示，RCS 热量导出能力不足。	不适用	A　1.【核动力厂特定的堆芯冷却恢复程序入口条件】且2. 恢复程序在15分钟内没有效果。
3　一回路活度、安全壳放射性		3　一回路活度、安全壳放射性		3　一回路活度、安全壳放射性	
A　安全壳内剂量率监测仪表读数大于【核动力厂特定值】；或B　核动力厂特定指示表明反应堆冷却剂活度大于【核动力厂特定值】。	不适用	A　安全壳内剂量率监测仪表读数大于【核动力厂特定值】。	不适用	不适用	A　安全壳内剂量率监测仪表读数大于【核动力厂特定值】。

燃料包壳屏障		RCS压力边界屏障		安全壳屏障	
丧失	潜在丧失	丧失	潜在丧失	丧失	潜在丧失
4　安全壳完整性、安全壳旁路		4　安全壳完整性、安全壳旁路		4　安全壳完整性、安全壳旁路	
不适用	不适用	A　已要求实施安全壳隔离且经判定安全壳完整性已丧失或存在不可隔离的安全壳向环境排放的路径；或 B　存在一回路冷却剂向安全壳外泄漏的指征。	不适用	不适用	A　安全壳压力超过【核动力厂特定值】；或 B　安全壳内存在爆炸性混合物；或 C　1. 安全壳压力大于【核动力厂特定值】，且 2. 没有一个完整系列（核动力厂特定的安全壳排热/泄压所需的设备）可投入运行，时间超过15分钟或更长时间。
5　其他指示		5　其他指示		5　其他指示	
【核动力厂特定（如适用）】		【核动力厂特定（如适用）】		【核动力厂特定（如适用）】	
6　应急指挥的判断		6　应急指挥的判断		6　应急指挥的判断	
A　应急指挥判断任何指示燃料包壳屏障丧失的工况。	A　应急指挥判断任何指示燃料包壳屏障潜在丧失的工况。	A　应急指挥判断任何指示RCS压力边界屏障丧失的工况。	A　应急指挥判断任何指示RCS压力边界屏障潜在丧失的工况。	A　应急指挥判断任何指示安全壳屏障丧失的情况。	A　应急指挥判断任何指示安全壳屏障潜在丧失的情况。

3.3.5　表3给出了压水堆核动力厂裂变产物屏障判据参考表，以此来判断三道屏障的丧失或潜在丧失。具体判据如下。

3.3.5.1　燃料包壳屏障完整性判据

（1）RCS或蒸汽发生器传热管泄漏

潜在丧失1.A，针对反应堆压力容器水位下降导致燃料包壳破损的情况。可使用特定操作规程中确定堆芯冷却能力降级的反应堆压力容器水位值，也可使用燃料活性区顶部高度所对应的反应堆压力容器水位值。

（2）热量导出能力不足

丧失 2. A，针对堆芯内温度过高导致反应堆冷却剂显著过热的情况。可使用与反应堆冷却剂堆芯内显著过热相对应的核动力厂特定温度值。

潜在丧失 2. A，针对堆芯内的温度过高导致燃料包壳可能开始出现破损的情况。该温度值对应于包壳损伤开始时的堆芯条件（例如，RCS 完好无损情况下形成过热蒸汽的温度）。

潜在丧失 2. B，针对利用蒸汽发生器无法导出 RCS 热量（即失去有效的二次侧热阱）的情况。这种情况表征了燃料包壳屏障的潜在丧失。

（3）一回路活度、安全壳放射性

丧失 3. A，针对安全壳内剂量率监测仪表读数大于核动力厂特定值的情况。

核动力厂特定值可对应于所有冷却剂瞬时释放到安全壳内的情况，一般假设反应堆冷却剂 I – 131 当量活度 1.11×107 Bq/g（300 μCi/g）。冷却剂活度水平高于预期的碘峰值，对应于约 2% 至 5% 的燃料包壳损伤。

丧失 3. B，针对反应堆冷却剂 I – 131 当量活度大于核动力厂特定值的情况。

一般假设反应堆冷却剂 I – 131 当量活度大于 1.11×107 Bq/g（300 μCi/g）。冷却剂活度水平高于预期的碘峰值，对应于约 2% 至 5% 的燃料包壳损伤。

（4）安全壳完整性、安全壳旁路

不适用。

3.3.5.2　RCS 压力边界屏障完整性判据

（1）RCS 或蒸汽发生器传热管泄漏

丧失 1. A，针对一回路出现破口尺寸足够大的不可隔离的 RCS 泄漏，使得应急堆芯冷却系统（ECCS）自动或手动启动的情况。这种情况表明 RCS 压力边界屏障的丧失。

该判据适用于一回路压力边界可识别和不可识别的泄漏，也适用于界面系统上的 RCS 不可隔离的泄漏。冷却剂可能泄漏至安全壳内部、二次侧（即蒸汽发生器传热管泄漏）或安全壳外。

对需要安注启动的蒸汽发生器传热管泄漏，如果该破损的蒸汽发生器不能隔离（安全壳外），意味着存在向安全壳外环境排放的路径，则将同时满足安全壳屏障丧失的准则，将升级至场区应急。

潜在丧失 1. A，针对一回路出现破口尺寸超过上充补偿能力（超过一台或者需要启用备用上充泵）的不可隔离泄漏的情形，此情形下稳压器水位不能维持在规定的限值内，但未启动 ECCS（安全注入系统（SI））。

该判据适用于一回路压力边界可识别和不可识别的泄漏，也适用于界面系统上的 RCS 不可隔离的泄漏。冷却剂可能泄漏至安全壳内部、二次侧（即蒸汽发生器传热管泄漏）或安全壳外。

对不需安注启动的蒸汽发生器传热管泄漏，如果存在泄漏的蒸汽发生器不可隔离（安全壳外），意味着存在向安全壳外环境排放的路径，则将同时满足安全壳屏障丧失的准则，将升级至场区应急。

潜在丧失 1.B，针对压力容器面临较严重的承压热冲击或冷超压风险的情况，压力容器可能面临脆性断裂风险。

（2）热量导出能力不足

潜在丧失 2.A，针对利用蒸汽发生器无法导出 RCS 热量（即失去有效的二次侧热阱）的情况。这种情况表征了燃料包壳屏障的潜在丧失。

（3）一回路活度、安全壳放射性

丧失 3.A，针对安全壳内剂量率监测仪表读数大于核动力厂特定值的情况。

核动力厂特定值为反应堆冷却剂活度等于技术规格书限值时，所有反应堆冷却剂瞬时释放到安全壳内的剂量率水平。该值低于燃料包壳屏障丧失阈值 3.A 的规定值，仅表示 RCS 压力边界屏障的丧失。

（4）安全壳完整性、安全壳旁路

不适用。

3.3.5.3 安全壳屏障完整性判据

（1）一回路或蒸汽发生器传热管泄漏

丧失 1.A，针对一台蒸汽发生器泄漏或传热管破裂，且该存在泄漏或破裂的蒸汽发生器不能隔离（向安全壳外的排放）的情况。蒸汽发生器泄漏或传热管破裂的判据分别与 RCS 压力边界屏障潜在丧失 1.A 和丧失 1.A 中的准则一致。

对蒸汽发生器传热管泄漏相关的 EAL，可参考表 4：

表 4 与蒸汽发生器传热管泄漏相关的 EAL 的应急状态分级

蒸汽发生器传热管泄漏率	状　态	向安全壳外环境的排放是否隔离？	
		是	否
超过技术规格书限值	超过技术规格书限值	应急待命（SU4）	应急待命（SU4）
超过上充补偿能力（RCS 压力边界屏障潜在丧失）	蒸汽发生器泄漏	厂房应急（FA1）	场区应急（FS1）
需要安注启动（RCS 压力边界屏障丧失）	蒸汽发生器传热管破裂	厂房应急（FA1）	场区应急（FS1）

（2）热量导出能力不足

潜在丧失 2.A，针对一个即将发生的堆芯熔化序列，如果不纠正，可能导致压力容器失效并增加安全壳失效的可能性。该情况下，RCS 压力边界屏障和燃料包壳屏障已经丧失。如果在 15 分钟内恢复足够堆芯冷却的程序实施无效，则可能导致堆芯熔化，并对安全壳屏障产生潜在威胁。

（3）一回路活度、安全壳放射性

潜在丧失 3. A，针对安全壳内剂量率监测仪表读数大于核动力厂特定值的情况。

核动力厂特定值应基于 20% 的燃料包壳破损、所有反应堆冷却剂瞬时释放到安全壳的假设来确定。

（4）安全壳完整性、安全壳旁路

丧失 4. A，针对已要求实施安全壳隔离且安全壳完整性已丧失或存在不可隔离的安全壳向环境排放的路径的情况。

安全壳的实际泄漏率超过相应的泄漏限值即意味着安全壳完整性丧失。事故工况下随着一回路冷却剂向安全壳内的质能释放，一系列因素会导致安全壳压力的波动。安全壳完整性丧失可能（也可能不）伴随有安全壳压力不明原因的显著下降。鉴于在事故工况下较难判断安全壳的泄漏率，该初始条件主要取决于应急指挥在合理考虑当前机组状态、可用的运行数据和放射性数据（如，安全壳压力、安全壳外放射性监测数据、安全壳喷淋系统的运行状态等）基础上的判断。

丧失 4. B，针对存在一回路冷却剂安全壳外泄漏指示的情况。

如果反应堆冷却剂泄漏到安全壳内，安全壳地坑水位、安全壳温度、压力和/或放射性水平将升高。如果这些参数没有升高，则反应堆冷却剂可能泄漏到安全壳外（安全壳旁路）。安全壳外地坑水位、温度、压力、流量和/或放射性水平读数的增加可能表明 RCS 泄漏至安全壳外。

潜在丧失 4. A，针对安全壳内压超过核动力厂特定值的情况。

如果安全壳压力超过设计压力，则存在失去安全壳屏障的可能性。

潜在丧失 4. B，针对安全壳内爆炸性混合物浓度达到氢气爆炸极限下限的情况。氢气燃烧将提高安全壳压力，并可能导致附带设备损坏，导致安全壳完整性丧失。

潜在丧失 4. C，针对安全壳压力大于安全壳热量排出系统自动启动设定值，并且在 15 分钟内没有一个完整系列能投入运行的情况。15 分钟的时间是自动启动失败，需要操作员手动启动的时间。该阈值表示安全壳排热/泄压系统（如安全壳喷淋、冰冷凝器风扇等，但不包括安全壳通风策略）丧失或以降级方式运行时安全壳的潜在丧失。

3.4 H 类初始条件与应急行动水平

3.4.1 H 类初始条件和应急行动水平依据可能或即将发生的危害和其他事件对核动力厂安全的损害程度确定相应的应急状态等级，适用于全部运行模式。

3.4.2 表 5 给出了 H 类初始条件矩阵。压水堆核动力厂营运单位应在此基础上确定适用于本核动力厂的初始条件和应急行动水平。H 类可包括安保事件、地震、灾害事件、火灾或爆炸、有毒气体、主控室撤离、应急指挥判断等事件类别。

表 5　识别类 H　影响核动力厂安全的危害和其他事件初始条件矩阵

事件类别	应急待命	厂房应急	场区应急	场外应急
安保事件	HU1：经确认的安保事件或威胁，核动力厂设施的安全水平潜在降级。 适用条件：全部运行模式	HA1：控制区内的敌对行动或 30 分钟内将对厂址发生空中攻击威胁。 适用条件：全部运行模式	HS1：保护区内的敌对行动。 适用条件：全部运行模式	HG1：敌对行动导致对设施的实体控制丧失。 适用条件：全部运行模式
地震⑥	HU2：发生了大于厂址 OBE（SL–1）的地震事件。 适用条件：全部运行模式	HA2：发生了影响当前运行模式所需安全系统的地震事件。 适用条件：全部运行模式		
灾害事件	HU3：发生了导致核动力厂安全水平潜在下降的强风、外部洪水或内部水淹、其他厂址特定自然灾害事件等灾害事件。 适用条件：全部运行模式	HA3：发生了影响当前运行模式所需安全系统的强风、外部洪水或内部水淹、其他厂址特定自然灾害事件等灾害事件。 适用条件：全部运行模式		
火灾或爆炸	HU4：发生了导致核动力厂安全水平潜在降级的火灾或爆炸。 适用条件：全部运行模式	HA4：发生了影响核动力厂安全系统运行的火灾或爆炸。 适用条件：全部运行模式		

---

⑥ 地震事件一般按照应急待命、厂房应急两级考虑，营运单位可以根据自身厂址条件和机组特征做适当调整。

事件类别	应急待命	厂房应急	场区应急	场外应急
有毒有害气体	HU5：确认发生了危及正常核动力厂运行的有毒、腐蚀性、窒息性或可燃性气体等的释放。适用条件：全部运行模式	HA5：气体释放阻碍进入维持核动力厂正常运行、冷却或停堆所需操作设备的区域。适用条件：全部运行模式		
主控室撤离		HA6：主控室撤离导致核动力厂控制转移至备用场所。适用条件：全部运行模式	HS6：在主控室外任意一项关键安全功能的控制未能建立。适用条件：全部运行模式	
应急指挥判断	HU7：根据应急指挥判断需批准进入应急待命的其他条件。适用条件：全部运行模式	HA7：根据应急指挥判断需批准进入厂房应急的其他条件。适用条件：全部运行模式	HS7：根据应急指挥判断需批准进入场区应急的其他条件。适用条件：全部运行模式	HG7：根据应急指挥判断需批准进入场外应急的其他条件。适用条件：全部运行模式

3.4.3　HU1，针对会对核动力厂人员或安全系统设备构成威胁的安保事件，造成核动力厂安全水平的潜在降级。HU1 包括：

（1）核动力厂安保部门报告核动力厂营运单位安保专项预案所包括的安保事件（不包括敌对行动）。

（2）接到国家有关部门确认的可靠通知，厂址将受到飞行器撞击威胁或其他安全威胁。

3.4.4　HA1，针对控制区内的敌对行动或将发生空中攻击威胁的情况。HA1 包括：

（1）核动力厂安保部门报告在控制区内的敌对行动正在进展或已经发生。

（2）接到国家有关部门确认的可靠通知，厂址将在 30 分钟内受到飞行器撞击威胁。

3.4.5　HS1，针对保护区内的敌对行动。HS1 包括：

核动力厂安保部门报告在保护区内的敌对行动正在进展或已经发生。

3.4.6 HG1，针对敌对行动导致对设施的实体控制丧失的情况。HG1 包括：

（1）核动力厂安保部门报告敌对行动正在发生或已经发生，导致核动力厂人员无法对维持安全功能的系统进行操作。

（2）核动力厂安保部门报告敌对行动正在发生或已经发生，导致乏燃料损坏或即将损坏。

3.4.7 HU2，针对发生了大于厂址运行基准地震 OBE（SL－1）的地震事件。HU2 包括：

核动力厂显示发生超过 OBE 的地震（特定厂址指示表明地震事件达到或超过了 OBE 限值），并且经相关手段确认。

3.4.8 HA2，针对发生了影响当前运行模式所需安全系统的地震事件。HA2 包括：

核动力厂显示发生地震事件，且影响到当前运行模式所需的安全系统。

3.4.9 HU3，针对发生了导致核动力厂安全水平潜在下降的灾害事件。HU3 包括：

强风、外部洪水或内部水淹、其他厂址特定自然灾害事件等。

3.4.10 HA3，针对发生了影响当前运行模式所需安全系统的灾害事件。HA3 包括：

强风、外部洪水或内部水淹、其他厂址特定自然灾害等，造成至少一个序列安全系统出现性能下降或安全系统部件或构筑物出现可见损坏。

3.4.11 HU4，针对发生了导致核动力厂安全水平潜在下降的火灾或爆炸。HU4 包括：

（1）发生在核动力厂特定房间和区域的火灾被以下任一方式（现场报告、多于 1 个火灾报警或指示、现场确认的单一火灾报警）探测到，且没有在 15 分钟内扑灭；15 分钟的持续时间旨在确定火灾的大小并区分易于熄灭的小火灾（例如阴燃的废纸篓）。

（2）核动力厂保护区内火灾在初始报告、报警或显示后 60 分钟内未扑灭；电厂保护区内的火灾在 60 分钟内未被扑灭可能会降低电厂安全水平。

（3）核动力厂保护区内发生爆炸事件。

3.4.12 HA4，针对发生了影响核动力厂安全运行的火灾或爆炸。HA4 包括：

火灾或爆炸造成当前运行模式所需的至少一个序列安全系统出现性能下降或安全系统部件或构筑物出现可见损坏。

3.4.13 HU5，针对确认发生了危及正常核动力厂运行的有毒、腐蚀性、窒息性或可燃性气体的释放。HU5 包括：

有毒、腐蚀性、窒息性或可燃性气体的量已危及或可能危及核动力厂的正常运行。

3.4.14 HA5，针对气体释放阻碍进入维持核动力厂正常运行、冷却或停堆所需操作设备的区域。HA5 包括：

有毒、腐蚀性、窒息性或可燃性气体释放入核动力厂特定房间或区域，导致无法进入或影响进入这些厂房或区域。

3.4.15 HA6，针对主控室撤离导致核动力厂控制转移到备用场所。HA6 包括：

导致对核动力厂的控制转移到备用场所，如远程停堆站或应急停堆盘的事件。

3.4.16 HS6，针对在主控室外任意一项关键安全功能的控制未能建立。HS6 包括：

导致对核动力厂的控制转移到远程停堆站或应急停堆盘且在规定时间内无法实现对关键安全功能（反应性控制、堆芯冷却、RCS 热量导出）控制的事件。

3.5　S 类初始条件与应急行动水平

3.5.1　S 类初始条件和应急行动水平表征了系统故障对核动力厂安全的影响，依据核动力厂执行安全功能的系统、监测安全功能的系统及执行安全功能系统的支持系统的故障程度确定相应的应急状态等级。系统故障识别类 S 按照核动力厂运行工况的不同可分为热态（功率运行、启动、热备用、热停堆运行模式）和冷态（冷停堆、换料、卸料运行模式）。本文件中将识别类 S（热态）归为识别类 S，识别类 S（冷态）归为识别类 C。因燃料包壳、反应堆冷却剂系统压力边界、安全壳屏障降级而触发"应急待命"的初始条件也包括在 S 识别类中。

3.5.2　表 6 给出了 S 类初始条件矩阵。压水堆核动力厂营运单位应在此基础上确定适用于本核动力厂的初始条件和应急行动水平。S 类可包括交流电源故障、控制监测能力丧失、燃料包壳降级、反应堆冷却剂系统压力边界降级、停堆系统失效、通讯能力丧失、安全壳降级、直流电源失效、冷源丧失等事件类别。

表6　识别类S热态下的系统故障初始条件矩阵

事件类别	应急待命	厂房应急	场区应急	场外应急
交流电源故障	SU1：应急母线的所有场外交流电源丧失，时间达到或超过15分钟。 适用条件：功率运行、启动、热备用、热停堆	SA1：应急母线的交流电源只剩一路，时间达到或超过15分钟。 适用条件：功率运行、启动、热备用、热停堆	SS1：应急母线丧失所有场外和场内交流电源，时间达到或超过15分钟。 适用条件：功率运行、启动、热备用、热停堆	SG1：应急母线长期丧失所有场外和场内交流电源。 适用条件：功率运行、启动、热备用、热停堆
控制监测能力丧失	SU2：机组主控室安全系统参数指示非计划丧失，时间达到或超过15分钟。 适用条件：功率运行、启动、热备用、热停堆	SA2：机组主控室安全系统参数指示非计划丧失，且处于重大瞬态过程中，时间达到或超过15分钟。 适用条件：功率运行、启动、热备用、热停堆		
燃料包壳降级	SU3：一回路放射性高于技术规格书限值。 适用条件：功率运行、启动、热备用、热停堆			
反应堆冷却剂系统压力边界降级	SU4：一回路泄漏，时间达到或超过15分钟。 适用条件：功率运行、启动、热备用、热停堆			
停堆系统失效	SU5：自动或手动停堆失效。 适用条件：功率运行⑦	SA5：自动或手动停堆失效，并且随后从反应堆控制台进行手动操作也无法成功停堆。 适用条件：功率运行⑦	SS5：反应堆无法停堆造成堆芯和一回路的热量无法充分排出。 适用条件：功率运行⑦	

---

⑦　该IC适用于反应堆实际功率水平可能超过停堆的功率水平的任何模式。停堆的功率水平小于或等于功率运行模式的功率下限的压水堆需要在运行模式适用条件中包括启动模式。例如，如果反应堆功率在3%满功率水平下视为停堆，而在>5%水平时进入功率运行模式，则IC的适用条件还应包括启动模式。

事件类别	应急待命	厂房应急	场区应急	场外应急
通信能力丧失	SU6：场内或场外通信能力全部丧失。 适用条件：功率运行、启动、热备用、热停堆			
安全壳降级	SU7：安全壳隔离失败或安全壳压力失去控制。 适用条件：功率运行、启动、热备用、热停堆			
直流电源失效			SS8：失去所有关键直流电源，时间达到或超过15分钟。 适用条件：功率运行、启动、热备用、热停堆	SG8：失去所有交流电源，并且关键直流电源全部丧失，时间达到或超过15分钟。 适用条件：功率运行、启动、热备用、热停堆
冷源丧失⑧			SS9：设备冷却水系统（RRI）/重要厂用水系统（SEC）全部丧失。 适用条件：功率运行、启动、热备用、热停堆	SG9：设备冷却水系统（RRI）/重要厂用水系统（SEC）全部丧失且堆芯冷却降级。 适用条件：功率运行、启动、热备用、热停堆

3.5.3　SU1，针对应急母线丧失场外电源的情况。长期丧失场外交流电源使应急母线电源的冗余性降低，容易出现丧失全部交流电源的工况，降低了核动力厂的安全水平。选择15分钟作为阈值，以排除短暂或瞬间的电源丧失。SU1可包括：

应急母线丧失场外交流电源，时间达到或超过15分钟。

3.5.4　SA1，针对的是应急母线供电单一的情况。SA1是SU1的进一步恶化，

---

⑧　不同堆型机组根据自己的冷源设计特征制定相应条款。

场外和场内应急交流电源系统的严重降级，以至于任何附加的单一失效都会导致安全系统的所有交流电源的丧失。在这种情况下，唯一的交流电源可以为一列或多列与安全相关的设备供电。SA1 可包括：

（1）除了一个应急电源（例如，一台场内柴油发电机组）外，所有场外电源、场内交流动力电源均丧失的情况；

（2）失去所有场外电源和所有应急电源（例如，场内柴油发电机组），只剩一列应急母线由机组主发电机供电的情况；

（3）失去应急电源（例如，场内柴油发电机组），只剩一列应急母线由场外电源供电的情况。

3.5.5 SS1，针对应急母线交流电源的全部丧失，影响了所有需要电源的安全系统，包括应急堆芯冷却、安全壳热量排出/压力控制、乏燃料热量导出和最终热阱。选择 15 分钟作为阈值，以排除短暂或瞬间的电源丧失。SS1 可包括：

应急母线丧失所有场外和场内交流电源，时间达到或超过 15 分钟。

3.5.6 SG1，针对应急母线长期丧失所有交流电源的情况。交流电源的全部丧失，意味着所有需要电源的安全系统，包括应急堆芯冷却、安全壳热量排出/压力控制、乏燃料热量导出和最终热阱的丧失。应急母线的长时间失电将导致一个或多个裂变产物屏障的丧失，而且对裂变产物屏障的监测能力可能也会降低。SG1 可包括：

应急母线丧失所有场内外交流电源并且厂址特定指示表明无法充分排出堆芯的热量。厂址特定指示可以是有关堆芯出口热电偶温度、反应堆压力容器水位的数值等。

3.5.7 SU2，针对的是机组正常运行期间主控室丧失安全系统参数监测能力的情况。该 EAL 重点关注与反应性控制、堆芯冷却和 RCS 热量导出等关键安全功能相关的核动力厂参数。选择 15 分钟作为阈值，以排除短暂或瞬间的指示丧失。SU2 可包括：

非计划事件导致无法在主控室内监控关键安全功能相关的核动力厂参数，时间达到或超过 15 分钟。

3.5.8 SA2，针对的是机组重大瞬态期间无法在主控室内获取安全系统参数，使得监测快速变化的核动力厂工况变得困难的情况。该 EAL 重点关注与反应性控制、堆芯冷却和 RCS 热量导出等关键安全功能相关的核动力厂参数。该 EAL 中的重大瞬态是指：（1）自动或手动快速降负荷超过 25% 反应堆热功率；

（2）甩负荷超过满负荷的 25%；（3）反应堆跳堆；（4）安注启动。SA2 代表裂变产物屏障裕量的潜在下降，代表着核动力厂安全水平的潜在的重大降级。SA2 可包括：

非计划事件导致无法在主控室内监控关键安全功能相关的核动力厂参数，时间达到或超过 15 分钟，并且核动力厂正处于任一重大瞬态过程中。

3.5.9 SU3，针对的是反应堆冷却剂活度值超过技术规格书限值的情况。这种情况是更严重事件的前兆，代表着核动力厂安全水平的潜在降级。SU3 可包括：

（1）厂址特定辐射监测仪表读数大于厂址特定值；

（2）取样分析表明，反应堆冷却剂活度值（碘、惰性气体）大于技术规格书限值（注意要区分稳态和瞬态）。

3.5.10 SU4，针对的是反应堆冷却剂系统压力边界完整性问题，这可能是更严重事件的前兆。在这种情况下，已监测到反应堆冷却剂系统冷却剂泄漏，操作员无法按照适用程序及时隔离破口。这种情况被认为是核动力厂安全水平的潜在降级。对一回路泄漏类事件，应急待命层级的一回路微小泄漏由 S 类判别，更严重的泄漏由 F 类初始条件判别。SU4 可包括：

（1）RCS 不可识别泄漏，或者压力边界泄漏大于核动力厂特定的技术规格书限值，时间达到或超过 15 分钟；

（2）可识别的 RCS 泄漏大于核动力厂特定的技术规格书限值，时间达到或超过 15 分钟；

（3）一台蒸汽发生器的一、二回路的泄漏大于核动力厂特定的技术规格书限值，时间达到或超过 15 分钟。

3.5.11 SU5，针对的是反应堆保护系统启动失败或反应堆保护系统无法完成自动停堆或手动停堆，随后操作员在反应堆控制台上采取的手动操作停堆成功或自动停堆成功的情况。该事件是更严重情况的前兆，因此可能会降低核动力厂的安全水平。SU5 可包括：

（1）自动停堆系统没有成功停闭反应堆，但随后在反应堆控制台上采取的手动操作成功停闭反应堆；

（2）手动停堆没有成功停闭反应堆，且满足下面任意一项：a. 随后在反应堆控制台上采取的手动操作成功地停闭了反应堆，或 b. 随后的自动停堆成功停闭反应堆。

3.5.12 SA5，针对的是反应堆保护系统启动失败或反应堆保护系统无法完成自动停堆或手动停堆的情况，随后操作员在反应堆控制台上采取的手动操作停堆也不成功的情况。这种情况表示核动力厂安全水平的实际或潜在实质性降低。即使随后采取了其他手动操作（如现场打开停堆断路器）而成功停闭反应堆，也需要宣布进入厂房应急状态，因为这一事件涉及到反应堆保护系统的重大故障。SA5 可包括：

自动停堆系统或手动停堆没有成功停闭反应堆，并且在反应堆控制台上采取的手动操作未能成功停闭反应堆。

3.5.13　SS5，针对的是反应堆保护系统启动失败或反应堆保护系统无法完成自动停堆或手动停堆的情况，随后操作员在反应堆控制台上采取的手动操作停堆也不成功的情况。此时，堆芯和一回路的热量无法充分排出。如果后续的缓解措施不成功，将导致燃料损坏，因此需要宣布进入场区应急。SS5 可包括：

自动停堆系统或手动停堆没有成功停闭反应堆，并且在反应堆控制台上采取的手动操作未能成功停闭反应堆，且出现以下条件之一：a. 无法充分排出堆芯热量的核动力厂特定指示，或 b. 无法充分排出一回路热量的核动力厂特定指示。

3.5.14　SU6，针对的是场内或场外通信能力的重大丧失的情况。SU6 可包括：

（1）核动力厂所有场内通信能力丧失，影响核动力厂正常运行；

（2）核动力厂所有场外通信能力丧失，影响场外通告。

3.5.15　SU7，针对的是安全壳隔离信号触发但是一个或多个安全壳贯穿件未能成功隔离（关闭）的情况。同时，还针对安全壳压力高，且安全壳压力控制系统失效的事件。在其他裂变产物包容屏障未面临威胁的情况下，任何一种情况都代表了核动力厂安全水平的潜在降低。SU7 可包括：

（1）安全壳隔离信号触发，且需要隔离的贯穿件未能全部隔离，时间超过或预计超过 15 分钟；

（2）安全壳压力大于核动力厂特定压力，且没有一个完整系列（核动力厂特定的安全壳排热/泄压所需的设备）可投入运行，时间超过 15 分钟或更长时间。如果发生 SU7 的同时发生燃料包壳或 RCS 裂变产物包容屏障的丧失或潜在丧失，则此事件将根据 ICFS1 升级到场区应急。

3.5.16　SS8，针对的是关键直流电源的丧失，损害了监测和控制安全系统的能力的情况。在冷停堆以上的模式中，这种情况涉及核动力厂保护公众所需功能的

重大故障。SS8 可包括:

在所有核动力厂特定重要的直流母线上,指示电压小于核动力厂特定母线电压值,时间达到或超过 15 分钟。"核动力厂特定母线电压值"应基于安全系统设备正常运行所需的最小母线电压。选择 15 分钟作为阈值,以排除短暂或瞬间的电源丧失。

3.5.17 SG8,针对的交流电源和关键直流电源同时长时间丧失的情况。交流电源的全部丧失,影响了所有需要电源的安全系统,包括应急堆芯冷却、安全壳热量排出/压力控制、乏燃料热量导出和最终热阱。关键直流电源的丧失,损害了监测和控制安全系统的能力。交流和直流电源的持续丧失将导致裂变产物包容屏障面临多重挑战。SG8 可包括:

核动力厂特定应急母线丧失所有场外和场内交流电源,时间达到或超过 15 分钟且在所有核动力厂特定重要的直流母线上,指示电压小于核动力厂特定母线电压值,时间达到或超过 15 分钟。选择 15 分钟作为阈值,以排除短暂或瞬间的电源丧失。

3.5.18 SS9,针对的是设备冷却水系统(RRI)/重要厂用水系统(SEC)全部丧失的情况。RRI/SEC 的全部丧失将导致低压安注泵、安全壳喷淋系统、余热排出系统、反应堆换料水池和乏燃料水池的冷却和处理系统(PTR)冷却等安全功能全部失去,意味着核动力厂安全水平的显著下降。SS9 可包括:

RRI/SEC 全部丧失,时间超过或预计超过 15 分钟。

3.5.19 SG9,针对的是 RRI/SEC 长期全部丧失的情况。RRI/SEC 的全部丧失将导致低压安注泵、安全壳喷淋系统、余热排出系统、PTR 冷却等安全功能全部失去,意味着核动力厂安全水平的显著下降。SG9 可包括:

RRI/SEC 全部丧失,并且出现堆芯冷却降级的情况。

3.6 C 类初始条件与应急行动水平

3.6.1 C 类初始条件和应急行动水平表征了冷态工况下系统故障对核动力厂安全的影响,依据核动力厂执行安全功能的系统、监测安全功能的系统及执行安全功能系统的支持系统的故障程度确定相应的应急状态等级。

3.6.2 表 7 给出了 C 类初始条件矩阵。压水堆核动力厂营运单位应在此基础上确定适用于本核动力厂的初始条件和应急行动水平。C 类可包括冷却剂装量丧失、交流电源系统故障、余热排出能力丧失、直流电源系统故障、通信能力丧失等事件类别。

表7 识别类C冷态下的系统故障初始条件矩阵

事件类别	应急待命	厂房应急	场区应急	场外应急
冷却剂装量丧失	CU1：一回路的冷却剂装量非计划丧失。适用条件：冷停堆、换料	CA1：一回路的冷却剂装量丧失，出现对燃料冷却能力不足的征兆。适用条件：冷停堆、换料	CS1：一回路的冷却剂装量丧失影响到堆芯余热排出能力。适用条件：冷停堆、换料	CG1：一回路的冷却剂装量丧失影响到燃料包壳完整性，同时安全壳完整性受到威胁。适用条件：冷停堆、换料
交流电源系统故障	CU2：应急母线交流电源减少到只有一路电源供电，时间达到或超过15分钟。适用条件：冷停堆、换料、卸料	CA2：应急母线场内和场外交流电源全部丧失，时间达到或超过15分钟。适用条件：冷停堆、换料、卸料		
余热排出能力丧失	CU3：一回路冷却剂系统温度非计划升高。适用条件：冷停堆、换料	CA3：不能使核动力厂维持在冷停堆工况。适用条件：冷停堆、换料		
直流电源系统故障	CU4：所需的关键直流电源丧失，时间达到或超过15分钟。适用条件：冷停堆、换料			
通信能力丧失	CU5：场内或场外通信能力全部丧失。适用条件：冷停堆、换料、卸料			

3.6.3 CU1，针对一回路冷却剂装量非计划丧失。表征冷停堆或换料模式下反应堆冷却剂装量的非计划丧失，无法恢复和维持所需的最低水位，或者冷却剂泄漏的同时一回路水位监测丧失的情况，该情况代表了核动力厂安全水平的降级而进入应急待命状态。应注意到在换料模式下，不同的阶段冷却剂水装量的最低水位限值是不同的，应选择适宜的限值以避免难以操作或与采取的应急行动不协调。CU1可包括：

（1）冷却剂非计划丧失导致的一回路水位降低到低水位限值以下达到或超

过 15 分钟的情况；15 分钟阈值持续时间是给操作员用于恢复和维持目标水位而采取快速行动的合理允许的时间，同时排除某些瞬态引起的水位短暂下降。

（2）一回路水位失去监控，同时地坑水位非计划升高。

3.6.4 CA1，针对冷却剂装量丧失的情况。表征在冷停堆或换料模式下，由于冷却剂装量丧失，出现对燃料棒冷却能力不足的征兆，威胁到燃料包壳的完整性。这种情形下，核动力厂安全水平存在潜在的重大降级，因此进入厂房应急。CA1 可包括：

（1）冷却剂装量丧失导致水位降到核动力厂特定液位以下。核动力厂特定液位可以是衰变热移出系统（如余热排出或停堆冷却）工作时一般允许的最低水位，如果有多个水位值，使用时注意应与适用的模式以及准则相适应；

（2）一回路系统水位失去监控，时间达到 15 分钟或更长，同时，一回路失水导致地坑水位非计划升高。

3.6.5 CS1，针对一回路冷却剂装量丧失影响到堆芯余热排出能力的情况。表征在冷停堆或换料模式下，一回路冷却剂装量及其补给能力持续丧失导致堆芯即将损坏的情况，有必要进入场区应急。CS1 可包括：

（1）安全壳关闭未建立，且冷却剂水位低于一回路环路底部；

（2）安全壳关闭已建立，且冷却剂水位低于燃料活性区顶部；

（3）冷却剂水位失去监测，达到或超过 30 分钟，且有指征表明堆芯裸露已发生。选择 30 分钟的阈值以保证有足够时间去监测、评估核动力厂状态，根据反应性和核动力厂状态判断堆芯裸露是否已发生，并采取行动终止泄漏、恢复冷却剂装量、维修设备或恢复水位监测。

3.6.6 CG1，针对一回路冷却剂装量丧失影响到燃料包壳完整性同时安全壳完整性受到威胁的情况。表征在冷停堆或换料模式下，无法保持或恢复一回路冷却剂水位高于燃料活性区顶部，同时安全壳完整性受到威胁的情况。这种情况表明堆芯即将或已经发生实质性安全降级或安全壳完整性存在潜在丧失风险，放射性物质释放极有可能超出场区范围且超过限值。如果一回路冷却剂系统水位不能及时恢复，燃料包壳受损将不可避免。在安全壳完整性未建立时，放射性物质有高度风险不受控地直接释放到环境中，据此进入场外应急。CG1 可包括：

（1）一回路冷却剂水位低于燃料活性区顶部，时间达到或超过 30 分钟，且安全壳完整性受到威胁；

（2）一回路水位监测不可用，时间达到或超过 30 分钟，同时有证据表明堆芯裸露，且安全壳完整性受到威胁。

3.6.7 CU2，针对应急母线只剩一路交流电源，时间达到或超过 15 分钟的情况。表征在冷停堆、换料、卸料模式下，应急母线交流电源只剩下单一电源供电，时间持续或超过 15 分钟，且叠加任何单一电源故障就将导致核动力厂安全系统失去全部交流电源的情形。在冷停堆、换料、卸料模式下，由于堆芯的热功率、温度、压力降低，可以有更多的时间进行电源系统的恢复，所以认为上述故障情况属于核动力厂安全水平的潜在降级，核动力厂进入应急待命状态。CU2 可包括：

应急母线交流电源只剩下单一电源供电，时间持续或超过 15 分钟，且叠加任何单一电源故障就将导致核动力厂安全系统失去全部交流电源。15 分钟阈值用以排除瞬时的电源丧失情况。

3.6.8 CA2，针对应急母线失去场内外所有交流电源，时间达到或超过 15 分钟的情况。表征在冷停堆、换料、卸料模式下，失去场内和场外全部的应急交流电源，安全系统（包括应急堆芯冷却、安全壳热量排出/压力控制、乏燃料热量导出和最终热阱）性能下降的情况。在冷停堆、换料、卸料模式下，较低的堆芯衰变热、较低的温度和压力允许有较长的时间来恢复应急母线工作。因此该 IC 认为是核动力厂安全水平的潜在重大降级而进入厂房应急。CA2 可包括：

应急母线失去场内外所有的交流电源，时间达到或超过 15 分钟。15 分钟阈值用以排除瞬时的电源丧失情况。

3.6.9 CU3，针对一回路冷却剂温度非计划升高的情况。表征冷停堆、换料模式下，一回路冷却剂温度非计划升高超过技术规格书中冷停堆温度限值，或者失去监测一回路冷却剂温度和水位能力的情况，这意味着核动力厂安全水平的潜在降级，据此进入应急待命。在堆芯余热排出系统可用的状态下，一回路温度短暂的非计划超过冷停堆技术规格书限值可认为不满足该条件。CU3 可包括：

（1）一回路冷却剂温度非计划升高超过技术规格书规定的冷停堆时温度限值；

（2）失去所有一回路冷却剂温度和水位指示，时间达到或超过 15 分钟。15 分钟的阈值用以排除瞬时或暂时的监控功能丧失。

3.6.10 CA3，针对无法将核动力厂状态保持在冷停堆状态的情况。表征在冷停堆、换料模式下，余热排出能力的丧失或一回路增加的衰变热超出了排出能力。上述情况代表着核动力厂安全水平实际或潜在的重大降级，据此进入厂房应急。如果余热排出系统可以正常运行，一回路冷却剂温度暂时超出冷停堆温度限值可认为不满足该条款。CA3 可包括：

（1）一回路冷却剂温度非计划升高超过技术规格书中冷停堆温度限值，持续时间达到或超过 0 分钟（一回路打开或处于低水位运行，安全壳未关闭）、20 分钟（一回路打开或处于低水位运行，安全壳关闭）或 60 分钟（一回路完整且未处于低水位运行）；

（2）一回路非水实体工况下，压力非计划升高，并达到可以测量到的程度。

3.6.11 CU4，针对失去所需的关键直流电源，时间达到或超过 15 分钟的情况。表征在冷停堆或换料模式下，失去堆芯安全监控系统的关键直流电源的情况。CU4 可包括：

关键直流电源母线的电压指示值低于母线电压限值，时间达到或超过 15 分钟的情况。15 分钟作为时间阈值以排除可能的瞬间的电源丧失。

3.6.12 CU5，针对在冷停堆、换料、卸料模式下，场内或场外通信能力的重大丧失情况。CU5 可包括：

（1）核动力厂所有场内通信能力丧失，影响核动力厂正常运行；

（2）核动力厂所有场外通信能力丧失，影响场外通告。

3.7 E 类初始条件与应急行动水平

3.7.1 E 类初始条件和应急行动水平表征了已装载乏燃料的贮存容器的损坏对核动力厂安全的影响。适用于全部运行模式。

3.7.2 表 8 给出了 E 类初始条件矩阵。场区内具有独立乏燃料贮存设施的核动力厂营运单位应在此基础上确定适用于乏燃料贮存设施的初始条件和应急行动水平。E 类可包括乏燃料贮存容器的损坏事件类别。

表 8 识别类 E 独立乏燃料贮存设施初始条件矩阵

事件类别	应急待命	厂房应急	场区应急	场外应急
乏燃料贮存容器的损坏	E－HU1：已装载乏燃料的贮存容器的损坏。适用条件：全部运行模式			

3.7.3 E－HU1，针对发生已装载乏燃料的贮存容器的损坏事件，适用于辐照过的燃料的干式贮存。所关注的问题主要有：产生向环境的潜在或实际的排放途径、一个或多个燃料组件因环境因素而降级、摆放布局的变化可能导致无法移动

贮存容器或将燃料从贮存容器中取出。通过对乏燃料贮存容器表面放射性水平测量确定其是否损坏，2 倍主要用于区分正常状态和应急状态。该条主要用于表征乏燃料贮存容器安全水平的降级。和独立乏燃料贮存设施相关的安保事件也可通过 HU1 和 HA1 进入应急状态。E – HU1 可包括：

乏燃料贮存容器表面放射性水平超过技术规格书限值的 2 倍。

附录 1　缩略语对照表

EAL	应急行动水平
IC	初始条件
RCS	反应堆冷却剂系统
PSA	概率安全分析
ECCS	应急堆芯冷却系统
SI	安全注入系统
RRI	设备冷却水系统
SEC	重要厂用水系统
PTR	反应堆换料水池和乏燃料水池的冷却和处理系统
OBE	运行基准地震
SSE	安全停堆地震

体育总局关于印发《体育行业安全生产重大事故隐患判定标准（2023 版）》的通知

各省、自治区、直辖市、计划单列市、新疆生产建设兵团体育行政部门，各厅、司、局，各直属单位，有关全国性体育社会组织：

为加强体育行业安全生产管理，指导各地科学判定、及时消除体育行业安全生产重大事故隐患，体育总局制定了《体育行业安全生产重大事故隐患判定标准（2023 版）》（以下简称《标准》），现印发你们。请认真贯彻落实，积极开展《标准》宣贯，对照《标准》结合工作实际细化要求，组织重大事故隐患排查治理，防范遏制体育行业重特大事故发生。

国家体育总局
2023 年 12 月 4 日

体育行业安全生产重大事故隐患判定标准（2023 版）

第一条 为指导科学排查、及时消除体育行业重大事故隐患，防范遏制重特大事故发生，根据《中华人民共和国安全生产法》《中华人民共和国体育法》等法律法规，结合体育工作实际，制定本标准。

第二条 本标准适用于判定体育行业可能导致群死群伤或造成重大经济损失、造成严重社会影响的安全管理缺失、违法违规行为、设备设施故障等重大事故隐患，重点围绕体育赛事活动筹办举办、体育场所及设备设施运营管理等重要领域和关键环节。

第三条 体育赛事活动筹办举办中有下列行为之一的，应判定为重大事故隐患：

（一）应经批准（许可）的体育赛事活动未按要求履行相应审批（许可）程序的，高危险性体育赛事活动未进行安全风险评估的；

（二）将工作内容转包给不具备安全保障条件及能力的第三方，或未与第三方签订安全协议、明确安全管理责任，可能导致体育赛事活动组织管理风险不可控的；

（三）未结合实际制定实施安全工作方案，未明确并落实安保、观赛、"熔断"机制和应急预案等相关要求的；

（四）未对可能引发观众冲突、恐慌、踩踏等公共安全风险进行分析研判、制定实施应对措施的；

（五）未对天气状况、活动场所自然环境等风险因素进行分析，开展跟踪监测和预警的；

（六）未履行风险告知义务，未对参赛年龄、身体条件、技术水平等特殊要求作出真实解释和明确警示、并按要求进行验证的；

（七）未对举办体育赛事活动的体育场所、设施设备及临时设施进行安全检查，未查验体育场所人员容载量是否符合相关安全要求的；

（八）未对举办体育赛事活动所必需的危险化学品、易燃易爆品、特种设备，以及食宿、交通、设施搭建、医疗救援等配套服务等明确管理要求的；

（九）举办体育赛事活动所必需的保护设备装备、消防设施及器材、救援设备及医疗设备配备不足，或未保持完好有效的；

（十）未落实安全责任人，使用无相关专业资质或未经培训工作人员，未配备必要的、符合相关规定安全救助人员的。

第四条 体育场所及设备设施运营管理存在下列情形的，应判定为重大事故隐患：

（十一）未经许可经营高危险性体育项目的；

（十二）未建立安全生产岗位责任制，未明确安全管理机构或人员，未定期开展安全教育培训，未按规定进行应急演练的；

（十三）体育场所存在违法违规建设或改造行为，或未按建筑设计功能开展体育项目的；

（十四）体育场所及设备设施未通过验收，未按相关要求进行定期检验和维护，或超过使用年限未经专业机构鉴定仍在使用的；

（十五）运动场地、活动室、休息室、更衣室等人员聚集场所，未针对消防、水电、燃气、防灾减灾等方面制定实施相关安全保障和应急措施的；

（十六）未设立安全警示标识、安全提示公告、疏散指示标志等或设置不明显，堵塞、占用、封闭疏散通道、安全出口的；

（十七）未按相关管理规定配备必需的保护设施、消防设施及器材、救援设备及医疗设备，或未保持完好有效的；

（十八）危险化学品、易燃易爆品、特种设备未按相关规定管理的；

（十九）应持证上岗的关键岗位人员无证上岗，未按要求配备安全管理、救助人员的。

第五条 违反强制性国家标准和其他严重违反涉及体育领域的安全生产规章政策，且可能导致群死群伤或造成重大经济损失、造成严重社会影响的现实危险，应判定为重大事故隐患。

第六条 国家对危险化学品、消防（火灾）、燃气、特种设备、有限空间、建筑结构、特种作业人员等方面的重大事故隐患判定另有规定的，从其规定。

第七条 本标准自发布之日起实施，有效期 5 年。

国家粮食和物资储备局办公室关于印发《粮食仓储企业重大生产安全事故隐患判定标准（试行）》的通知

国粮办应急〔2023〕155 号

各省、自治区、直辖市及新疆生产建设兵团粮食和物资储备局（粮食局），中国储备粮管理集团有限公司、中粮集团有限公司、中国供销集团有限公司：

《粮食仓储企业重大生产安全事故隐患判定标准（试行）》，已经国家粮食和物资储备局局长办公会议审议通过，现印发给你们，请结合实际抓好落实。

国家粮食和物资储备局

2023 年 6 月 25 日

粮食仓储企业重大生产安全事故隐患判定标准（试行）

第一条 为准确判定、及时消除粮食仓储企业重大生产安全事故隐患（以下简称重大事故隐患），根据《中华人民共和国安全生产法》等法律、行政法规，制定本标准。

第二条 本标准适用于粮食仓储企业重大事故隐患的判定，法律、行政法规和国家标准、行业标准另有规定的，从其规定。其中涉及危险化学品、消防（火灾）、特种设备等方面的重大事故隐患判定另有规定的，适用其规定。

第三条 粮食仓储企业有下列情形之一的，应当判定为重大事故隐患：

（一）未对承包单位、承租单位的安全生产工作统一协调、管理，或者未定期进行安全检查的；

（二）特种作业人员未按照规定经专门的安全作业培训并取得相应资格，上岗作业的。

第四条　在房式仓、筒仓（含立筒仓、浅圆仓，下同）、简易仓囤及烘干塔粮食进出仓作业时，有下列情形之一的，应当判定为重大事故隐患：

（一）未对可能意外启动的设备和涌入的物料、高温气体、有毒有害气体等采取隔离措施的；

（二）未落实防止高处坠落、坍塌等安全措施的。

第五条　粮食熏蒸作业或熏蒸散气时，有下列情形之一的，应当判定为重大事故隐患：

（一）熏蒸作业未制定作业方案、未经粮库负责人审批，或者熏蒸负责人及操作人员未经专业培训合格的；

（二）在存在磷化氢的作业场所未配备磷化氢气体浓度检测报警仪器，或者未采用测氧仪检测氧气浓度，或者未配备检验合格的呼吸防护用品的；

（三）未设置警戒线、警示标志，或者熏蒸作业前未确认无关人员全部撤离熏蒸作业场所的。

第六条　房式仓、罩棚仓、筒仓及配套工作塔、连廊、输粮地沟等存在粉尘爆炸危险的区域，有下列情形之一的，应当判定为重大事故隐患：

（一）未制定和落实粉尘清理制度或作业现场积尘严重的；

（二）未按规定使用防爆电器设备设施的。

第七条　在存在中毒风险的有限空间作业时，包括气调仓、烘干塔、卸粮仓、地上（下）通廊及药品库等区域，有下列情形之一的，应当判定为重大事故隐患：

（一）未对有限空间进行辨识、建立安全管理台账，并且未设置明显的安全警示标志的；

（二）未落实有限空间作业审批，或者未执行"先通风、再监测、后作业"要求，或者作业现场未设置监护人员的。

第八条　本办法由国家局承担安全生产监管职能的司局负责解释，自印发之日起施行。

国家铁路局关于印发《铁路交通重大事故隐患判定标准（试行）》的通知

国铁安监规〔2023〕12 号

国铁集团、国家能源集团，中国中铁、中国铁建、中国中车、中国通号、中国物流，各地方铁路运输企业，各地区铁路监管局，各铁路安全监督管理办公室，机关各部门：

现将《铁路交通重大事故隐患判定标准（试行）》（以下简称《判定标准》）印发给你们，请认真贯彻执行。

铁路监管部门要将《判定标准》作为监管执法的重要依据，按照《铁路安全风险分级管控和隐患排查治理管理办法》等要求，加强对重大事故隐患排查治理工作的监管执法。各铁路单位要依法落实重大事故隐患排查治理主体责任，彻底排查、准确判定、及时消除、规范报告各类重大事故隐患，牢牢守住安全生产底线，坚决防范和遏制铁路交通重特大事故发生。

国家铁路局

2023 年 5 月 8 日

铁路交通重大事故隐患判定标准（试行）

第一条 为准确判定铁路交通重大事故隐患，根据《中华人民共和国安全生产法》《中华人民共和国铁路法》《铁路安全管理条例》《铁路交通事故应急救援和调查处理条例》等法律法规要求，制定本判定标准。

第二条 本判定标准适用于判定铁路交通重大事故隐患。

第三条 铁路交通重大事故隐患主要包括铁路主要行车设备设施、铁路运输生产、铁路沿线环境、安全管理和灾害防范及应急处置等 5 个方面。

第四条　铁路主要行车设备设施重大事故隐患，是指铁路主要行车设备设施在勘察、设计、施工、监理、制造、监造、养护维修等环节失管失控，极易直接导致列车脱轨、冲突、相撞、火灾、爆炸重大及以上事故或者人员群死群伤事故的隐患，有下列情形之一的：

（一）动车组和客运机车车辆的走行部存在轮轴折断、悬吊部件断裂脱落，制动系统存在制动失效放飚，电气系统存在配线短路起火的；动车组、客运机车车辆未按规定使用耐火材料，消防器材配备不到位，擅自加装改造高压电器设备，高压油管路密封严重不良的；

（二）高速铁路和旅客列车运行区段主要行车基础设备设施、动车组和客运机车车辆未按要求定期进行中修、大修及高级修，或者到报废年限未按规定报废仍投入使用的；

（三）铁路专用设备应取得许可而未取得许可或者许可条件不再具备，或者应进行检测检验而未进行检测检验，或者铁路专用设备存在缺陷应召回未召回仍投入使用的；

（四）高速铁路和旅客列车运行区段桥隧、路基、轨道等存在严重隐患，或者轮轨动力学指标严重超限的；

（五）高速铁路和旅客列车运行区段接触网支柱及基础（包括拉线基础）损坏严重、隧道吊柱松脱的；

（六）高速铁路和旅客列车运行区段信号系统设计错误、产品制造缺陷、列控或者 LKJ 数据错误等，造成联锁关系错误、信号显示升级、列车运行超速的；

（七）与行车相关的铁路控制系统存在设计、制造缺陷的。

第五条　铁路运输生产重大事故隐患，是指铁路运输生产组织过程中的安全关键环节未制定或者未落实相应安全制度措施，极易直接导致列车脱轨、冲突、相撞、火灾、爆炸重大及以上事故或者人员群死群伤事故的隐患，有下列情形之一的：

（一）未制定或者未落实防止错误办理接发旅客列车进路措施的；

（二）未制定或者未落实防止列车冒进措施的；

（三）未制定或者未落实接触网停送电安全措施、防止电力机车带电进入有人作业停电区安全措施的；

（四）未制定或者未落实营业线（含邻近营业线）施工安全管理、现场管控措施的；

（五）未制定或者未落实铁路旅客运输安全检查管理制度的；

（六）未制定或者未落实危险货物运输安全管理制度包装、装卸、运输危险货物的；

（七）匿报谎报危险货物品名、性质、重量，在普通货物中夹带危险货物或者在危险货物中夹带禁止配装的货物，违反充装量限制装载危险货物，应押运的危险货物不按照规定押运的；

（八）进入铁路营业线的铁路机车车辆由未取得相应驾驶资格的人员驾驶的；

（九）应制定装载加固方案的货物未制定或者未落实货物装载加固方案装车的；

（十）未制定或者未落实安全防护措施，在车站候车室、售票厅及行车公寓等人员密集生产场所进行动火作业的；

（十一）通行旅客列车以及公交车或者大中型客运车辆的铁路道口，未制定或者未落实道口看守人员作业标准的；

（十二）对无隔开设备能进入客车进路的货物线、铁路专用线、专用铁路等线路，未制定或者未落实防止侵入客车进路的措施的；

（十三）未取得铁路运输许可证从事铁路旅客、货物公共运输营业的，或者新建铁路线路未经验收合格、未通过运营安全评估，不符合运营安全要求投入运营的。

第六条　铁路沿线环境重大事故隐患，是指在铁路沿线一定范围内从事违反法律法规规定的生产经营活动，极易直接导致列车脱轨、冲突、相撞、火灾、爆炸重大及以上事故的隐患，有下列情形之一的：

（一）在高速铁路和旅客列车运行区段铁路线路安全保护区内，擅自建设施工、取土、挖砂、挖沟、采空作业或者其他违法行为，造成或者可能造成线路几何尺寸变化，线路基础空洞、下沉、坍塌、线路中断，或者施工机具侵入铁路建筑限界的；

（二）高速铁路和旅客列车运行区段铁路两侧危险物品生产、加工、销售、储存场所、仓库，不符合国家标准、行业标准规定的安全防护距离且未签订安全生产协议的；

（三）在高速铁路和旅客列车运行区段跨越、穿越铁路铺设，或者与铁路平行埋设，或者架设的油气管道不符合国家及行业相关规定的；

（四）高速铁路和旅客列车运行区段两侧的塔杆等高大设施，公跨铁桥梁、公铁并行道路、渡槽、线缆等设备设施（含防撞护栏、防抛网等附属设施）及日常管理不符合国家及行业相关规定的；

（五）在高速铁路两侧200米范围内或者有关部门依法设置的地面沉降区域地下水禁止开采区或者限制开采区抽取地下水，影响铁路基础稳定的；

（六）在高速铁路和旅客列车运行区段铁路两侧，从事采矿、采石或者爆破作业，不遵守有关采矿和民用爆破的法律法规、国家标准、行业标准和铁路安全保护要求的；或者在线路两侧及隧道上方中心线两侧各1000米范围内从事露天采矿、采石或者爆破作业的；

（七）违反国家《生产建设项目水土保持技术标准》规定，擅自在铁路两侧设置弃土（石、渣）场或者采矿（采空）区，开挖山体、河道等动土作业，造成影响行洪、产生泥石流或者山体滑坡的；

（八）在高速铁路和旅客列车运行区段铁路桥梁跨越处，河道上游500米、下游规定范围内（桥长不足100米的为1000米、桥长100～500米的为2000米、桥长500米以上的为3000米）采砂、淘金的；

（九）在高速铁路和旅客列车运行区段铁路桥梁跨越处，河道上下游各1000米范围内围垦造田、拦河筑坝、架设浮桥或者修建其他影响铁路桥梁安全设施，或者在河道上下游各500米范围内进行疏浚作业的；

（十）在高速铁路和旅客列车运行区段铁路隧道上方山体违规进行钻探作业的；

（十一）高速铁路和旅客列车运行区段两侧铁路地界以外的山坡地水土保持治理不到位，存在溜坍侵入铁路限界现实危险的。

第七条 安全管理重大事故隐患，是指未落实有关法律法规基本要求，未建立或者未落实安全基础管理制度的隐患，有下列情形之一的：

（一）未建立全员安全生产责任制、安全教育培训制度等安全管理制度，或者未建立安全风险分级管控和事故隐患排查治理双重预防工作机制的；

（二）未按规定设置安全生产管理机构、配备专（兼）职安全生产管理人员，或者安全管理相关人员不符合规定的任职要求的；

（三）未按照国家规定足额提取，或者未按照国家、行业规定范围使用安全生产费用的。

第八条 灾害防范及应急处置重大事故隐患，是指未落实相关法律法规、规章标准要求，造成自然灾害防控体系失效，极易直接导致列车脱轨、冲突、相撞、火灾、爆炸重大及以上事故或者人员群死群伤事故的隐患，有下列情形之一的：

（一）高速铁路和旅客列车运行区段自然灾害及异物侵限监测系统主要功能失效未及时修复的；

（二）未制定或者未落实普速铁路旅客列车运行区段Ⅱ级及以上防洪地点和高速铁路防洪重点地段汛期行车安全措施的；

（三）未制定或者未落实自然灾害重大安全风险管控措施的。

第九条　除以上列明的情形外，对其他可能导致铁路交通重特大事故的隐患，由铁路单位依据国家和铁路行业安全生产法律、法规、规章、国家标准和行业标准、规程和安全生产管理制度的规定等进行判定。

第十条　本判定标准自发布之日起实施。

国家铁路局关于印发《铁路建设工程生产安全重大事故隐患判定标准》的通知

国铁工程监规〔2023〕25号

各省、自治区、直辖市人民政府办公厅，国铁集团、国家能源集团、中国建筑，中国通号、中国中铁、中国铁建、中国交建、中国电建，局属各单位，机关各部门：

现将《铁路建设工程生产安全重大事故隐患判定标准》（以下简称《标准》）印发给你们，请遵照执行。

铁路建设工程各参建单位要严格落实重大事故隐患排查治理主体责任，对照《标准》全面排查、准确判定、及时报告、彻底整治各类重大事故隐患，防范化解铁路工程建设过程中的重大风险，守牢安全生产底线。铁路监管部门要积极宣贯《标准》，把《标准》作为重要执法依据，按照有关文件要求，加大执法检查力度，督促参建单位排查、整治重大事故隐患，落实安全生产责任，保障铁路工程安全优质建设。

国家铁路局

2023 年 9 月 29 日

铁路建设工程生产安全重大事故隐患判定标准

第一条 为科学判定铁路建设工程生产安全重大事故隐患，持续完善铁路建设工程安全风险分级管控和隐患排查治理，有效防范和遏制重特大事故发生，推进铁路建设高质量发展，根据《中华人民共和国安全生产法》《铁路安全管理条例》《建设工程安全生产管理条例》等法律法规，制定本标准。

第二条 本标准适用于判定新建、改建铁路建设工程生产安全重大事故隐患。

第三条 本标准所称重大事故隐患，是指在铁路建设工程施工过程中，存在的危害程度较大、可能导致群死群伤或造成重大经济损失的生产安全事故隐患。

第四条 施工管理中有下列情形之一的，应当判定为重大事故隐患：

（一）专业分包单位无相应资质或未取得安全生产许可证的；

（二）施工、监理、勘察设计单位项目主要负责人超过 30 日不在岗或未实质开展工作的；

（三）危险性较大工程未按规定编制审批专项施工方案，超过一定规模的危险性较大工程未按规定开展专家论证审查的；

（四）爆破、吊装、有限空间作业、人员密集场所动火等危险作业，未安排专门人员进行现场安全管理或未按要求履行作业审批手续的；

（五）特种作业人员未依法取得资格证书；特种设备未取得使用登记证书即投入使用的；

（六）生产生活区选址未经勘察及安全评估的；

（七）场区内使用货车或报废客车载人的。

第五条 隧道工程有下列情形之一的，应当判定为重大事故隐患：

（一）洞口高陡边仰坡未按设计要求开挖和加固防护，未按要求监测边仰坡变形，变形超出规定值的；

（二）未按规定开展超前地质预报、围岩监控量测；超前地质预报结论与设计不符，监控量测数据异常变化，未采取措施处置的；

（三）擅自改变开挖工法；初期支护未及时封闭成环；仰拱一次开挖长度超过规定值；安全步距超出要求；隧道作业面未配备警报、通信装置的；

（四）反坡排水隧道、斜井的抽排水能力小于设计涌水量；未配置应急备用电源、抽排水设备的；

（五）瓦斯等有毒有害气体隧道施工未安装有毒有害气体监测报警装置，监测报警后仍违规作业的；瓦斯隧道施工未使用防爆型电气设备和防爆型作业机械的；

（六）岩溶及富水破碎围岩区段施工，开挖前未按设计完成泄压或预加固措施的；

（七）作业面出现突泥、涌水、涌沙、局部坍塌，支护结构扭曲变形或出现裂缝，且有不断增大趋势未及时撤离人员的；

（八）复杂地质隧道发生影响工程质量和施工安全的地质灾害后，未采取加强设计措施的；

（九）内燃机车、自轮式运转设备、柴油发电设备在隧道内作业未安装一氧化碳等有毒有害气体监测报警装置的。

第六条 桥涵工程有下列情形之一的，应当判定为重大事故隐患：

（一）水上作业平台、围堰、沉井等未进行专项设计，未按设计施工，施工期实际水位高于设计最高水位；围堰或沉井出现漏水、翻砂涌水、结构变形未及时采取有效措施的；

（二）超过 8 m（含）高墩施工过程中，模板加固、混凝土浇筑速度不符合专项施工方案要求的；

（三）现浇梁支架、移动模架、挂篮等非标设备设施未经专项设计，未经预压、试吊等现场试验验证即投入使用或不按方案拆除；支架地基承载力不足的。

第七条 地质条件、周围环境和地下管线复杂基坑或开挖深度超过 5 m（含）基坑，土方开挖、支护、降水施工、变形监测未按照批准的专项施工方案实施或者基坑监测变形数据异常变化未采取有效措施的，应当判定为重大事故隐患。

第八条 使用淘汰的工艺设备以及其他严重违反铁路建设工程安全生产法律法规、规章及强制性标准，存在危害程度较大、可能导致群死群伤或造成重大经济损失的现实危险，应当判定为重大事故隐患。

第九条 铁路站房工程的生产安全重大事故隐患判定标准执行《房屋市政工程生产安全重大事故隐患判定标准》有关规定。

第十条 本标准由国家铁路局负责解释。

第十一条 本标准自印发之日起施行。

国家文物局关于印发《文物行业重大事故隐患专项排查整治 2023 行动实施方案》的通知

文物督发〔2023〕12 号

各省、自治区、直辖市文物局（文化和旅游厅/局），新疆生产建设兵团文物局：

为全面贯彻落实党的二十大精神，深入学习贯彻习近平总书记关于安全生产和文物安全工作的重要指示批示精神，落实国务院安委会有关工作部署，推动文物行业重大安全风险防控措施落实，从即日起在全国文物行业开展重大事故隐患专项排查整治 2023 行动。现将《文物行业重大事故隐患专项排查整治 2023 行动实施方案》印发给你们，请结合本地实际，认真组织实施。

特此通知。

国家文物局
2023 年 5 月 5 日

文物行业重大事故隐患专项排查整治 2023 行动实施方案

为全面贯彻落实党的二十大精神，深入学习贯彻习近平总书记关于安全生产和文物安全工作的重要指示批示精神，落实国务院安委会有关工作部署，推动文物行业重大安全风险防控措施落实，从即日起在全国文物行业开展重大事故隐患专项排查整治 2023 行动（以下简称专项行动），具体实施方案如下：

一、总体要求

以习近平新时代中国特色社会主义思想为指导，坚持人民至上、生命至上，坚持安全第一、预防为主，严格落实安全生产十五条硬措施，聚焦可能导致人员伤亡、文物损毁、非法违规行为、安全管理缺陷等重大事故隐患，严格执法、强力整治，督促文物博物馆单位落实落细安全生产工作措施，着力从根本上消除事故隐患、从根本上解决问题，坚决遏制各类文物安全和生产安全事故发生，确保人员和文物安全，推动文物事业高质量发展。

二、工作依据

（一）《中华人民共和国文物保护法》

（二）中共中央办公厅、国务院办公厅《关于加强文物保护利用改革的意见》

（三）国务院安委会《全国重大事故隐患专项排查整治 2023 行动总体方案》

（四）《国务院办公厅关于进一步加强文物安全工作的实施意见》

（五）《国家文物局应急管理部关于进一步加强文物消防安全工作的指导意见》

（六）《文物建筑防火设计导则（试行）》

（七）《文物建筑电气防火导则（试行）》

（八）《文物消防安全检查规程（试行）》

（九）《文物建筑火灾风险防范指南（试行）》

（十）《文物建筑火灾风险检查指引（试行）》

（十一）《博物馆火灾风险防范指南（试行）》

（十二）《博物馆火灾风险检查指引（试行）》

（十三）《文物保护工程安全检查督察办法（试行）》

（十四）《全国重点文物保护单位文物保护工程检查管理办法（试行）》

（十五）《文物安全防护工程实施工作指南（试行）》

（十六）《考古勘探工作规程》(试行)

（十七）《文物建筑开放导则》

三、专项行动主要内容

（一）严格落实文物安全责任。要牢固树立安全生产红线意识，深刻汲取各类重特大安全生产事故教训，切实增强紧迫感、责任感和使命感，切实把确保文物安全放在首要位置。坚持"管行业必须管安全、管业务必须管安全、管生产经营必须管安全"，推动政府履行文物安全属地管理主体责任，切实履行部门监管职责，督促文物管理使用单位全面落实文物安全直接责任。文物博物馆单位主要负责同志要认真履行好文物安全第一责任人职责，亲自研究、部署本单位文物安全工作，组织开展安全巡查检查、风险隐患问题整治、安全宣传教育培训和应急疏散演练等工作；建立责任倒查机制，严格执行"谁检查、谁签名、谁负责"，对重大事故隐患排查整治不到位的要严肃追究责任。

（二）严控火灾风险隐患。文物博物馆单位要结合自身风险隐患特点，有针对性地采取火灾风险防范措施，加强日常安全巡查检查，强化火灾隐患整治。严格生产生活用火，文物保护单位保护范围内严格控制使用明火，向公众开放的区域全面禁止吸烟；文物建筑用于宗教活动或者居民居住的，生活用火必须加强管理，使用安全火源，采取有效防火隔离措施。燃香用火必须做到专人看管，人离火灭；要坚持安全用电，严格落实用电管理制度，规范敷设电气线路，改造更换老旧电气线路，不得私拉乱接电气电路，不得违规使用超负荷大功率电器，不得使用淘汰或者危及安全的电气设备；不得将灯具直接敷设在文物建筑上搞"亮化工程"，在文物建筑外安装灯具的要保持安全距离。严格易燃可燃物品管理，文物保护范围内严禁生产、使用、储存和经营易燃易爆危险品，严禁燃放烟花爆竹。

（三）抓好开放管理和公共服务。各级文物行政部门要督促世界文化遗产地、国家考古遗址公园和博物馆、纪念馆等文物行业开放单位提前测算游客承载量，制定详细接待方案，适当增加安保、讲解、服务、救援等力量。要严格出入口安检，合理确定活动区域和线路，有效配置安全设备设施。要进行每日临界观众数量控制，采取暂停售（发）票、预约或者错峰参观等措施，调控、疏导、分流游客数量，保证良好参观秩序；完善标识引导，倡导文明参观和旅游，避免出现刻划、涂污或者以其他方式损坏文物等行为，提升游客参观体验。

（四）严格工地安全管理。文物保护工程、考古发掘工地以及新建改建博物馆工地等场所事关人员和文物安全，要加强工地安全管理，明确现场安全责任人，设置安全监督检查人员，完善工地安全管理制度，开展施工人员岗前安全警示教育，配备必要的人员和文物安全防护设施设备。严格施工现场用电、动火审批和监管，电焊、气焊、喷灯等明火作业要采取严格的防火措施并与文物建筑保持安全距离，施工现场严禁吸烟，易燃可燃物品要安全存放，现场废料、垃圾等可燃物品要及时清理。对考古工地作业或者文物保护工程施工的危险区域、部位，要妥善采取加固、支护、围挡等安全措施，设置警戒线和警示标志，提前做好人员救护、文物抢救保护预案和措施，有效防止坍塌、坠落等生产安全事故，确保人员和文物安全。

（五）加强外包外租等生产经营活动管理。文物博物馆单位要督促文物安全防护设施日常运行维护服务外包和工程施工外包企业落实安全生产职责和措施，不得转嫁责任。利用文物博物馆单位开展生产经营和场所外包外租（包括委托、合作等类似方式）的，要签订双方安全生产协议，厘清安全生产管理职责；承包承租方要具备安全生产条件或资质资格，落实安全生产责任制，实施安全管理制度。文物博物馆单位要将外包外租等生产经营活动纳入本单位安全生产管理体系，加强统一协调、管理，定期进行安全检查，发现安全问题的及时督促整改。

四、工作安排

（一）提升风险隐患排查质量（2023 年 5 月—7 月）。各级文物行政部门 5 月底前要制定印发本行政区域专项行动方案，各级文物行政部门、各文物博物馆单位主要负责同志要亲自组织召开专题会议进行动员部署。各文物博物馆单位要对照文物行业重大事故隐患特征清单（见附件 1），认真开展自查自改，将违规用火用电、安防消防设施设备失效、消防水源不足、电气线路设备故障、易燃可燃物存放、燃香烧纸和应急管理能力薄弱等作为重点，逐一排查安全漏洞、风险隐患和管理问题。专项行动期间，文物博物馆单位主要负责人每月要带队对本单位重大事故隐患排查整治情况至少开展 1 次检查，要针对本单位生产经营项目和场所外包外租情况组织开展 1 次全面排查。

（二）严格风险隐患整改整治（2023 年 8 月—10 月）。各文物博物馆单位要对照隐患特征，建立本单位重大事故隐患整改清单，明确整改措施、责任人和整改时限，报上级文物主管部门备案。要对重大事故隐患逐一挂账督导，逐一整改销号，实行闭环管理。能立即整改的，要立即整改；需要一定时间整改的，要明确责任人、整改期限和应急措施等。各级文物行政部门要对重大事故隐患排查整改情况组织抽查检查，加强对古民居、宗教活动场所、文博开放单位和文物保护工程工地、考古发掘工地、新建改建博物馆工地等场所的检查，特别是要对动火等危险作业、外包外租等生产经营活动开展排查。要采取"四不两直"明查暗访、专家指导等方式，对存在的重大事故隐患实施跟踪督察、主动约谈、公开曝光，直至整改到位。对存在重大隐患的文物博物馆单位、文物保护工程工地、考古发掘工地以及新建改建博物馆工地等，要立即停止开放或者停工整顿。对隐患整改不力或者因失职渎职酿成安全事故的，要依法依纪严肃追责。

（三）夯实文物安全防护基础（专项行动全过程）。要科学评估文物博物馆单位火灾风险，针对风险状况、管理使用情况，有针对性地配置消防设施设备，着重解决火灾报警和消防水源等问题。加强火灾报警和灭火设施设备日常维护检测，确保使用效能，坚决杜绝火灾报警设备虚设、消防水不足等问题。要严格按照文物安全防护工程实施相关标准规范和工作要求，组织好工程实施，严格监管检查，确保工程质量，切实提升文物博物馆单位火灾预警和防控能力。

（四）提升应急处置能力（专项行动全过程）。要切实保障消防应急人员力量，建立健全专兼职消防队伍，开展消防技能培训。制定可操作的灭火和应急疏散预案，建立并严格执行应急管理制度，加强值班值守和安保备勤，全天候做好应急准备，有效处置文物火灾等突发事件。加大应急演练频次和强度，针对各类预设突发场景有针对性地进行实战演练，提升反应速度和演练实效，切实增强突发事件应急处置能力。专项行动期间，文物博物馆单位要根据本单位实际情况，至少每季度组织开展1次突发事件应急救援演练。

（五）推进安全文化普及（专项行动全过程）。要面向基层文物博物馆单位和一线文博工作者，面向文物博物馆单位周边社区，面向参观游览人群等，结合"安全生产月"活动，开展安全生产宣传活动，大力宣传火灾危害、消防法规和防火知识，倡导文明旅游，不断强化文物行业领导干部安全生产责任意识，推进文物博物馆单位直接责任人和员工岗位安全生产责任落实，提升全社会文物安全意识，引导全社会共同参与和监督文物安全工作。

五、工作要求

（一）加强组织领导。各级文物行政部门和各文物博物馆单位要充分认清当前文物安全形势，切实增强安全意识，加强组织领导，认真安排部署，强化督促指导，定期听取行动进展和工作汇报，研究推动重点工作，确保专项行动有序进行、按期完成。

（二）明确机构人员。各级文物行政部门和各文物博物馆单位要明确牵头领导、承办机构和人员，负责组织开展专项行动有关工作。要按照工作安排尽快开展各项工作，国家文物局将适时组织对各地各单位专项行动开展情况进行督导抽查。

（三）及时总结提升。各级文物行政部门要及时总结专项行动取得的成效，系统梳理好经验、好做法，不断完善文物安全制度措施，健全完善文物安全长效工作机制。

省级文物行政部门要汇总本省文物行业重大事故隐患专项排查整治2023行动进展情况，并将贯彻落实情况分别于2023年7月底、11月底前报送国家文物局。国家文物局汇总后报国务院安委会办公室。

附件：1. 文物行业重大事故隐患特征清单
　　　 2. 文物行业重大事故隐患专项排查整治2023行动进展情况调度表

附件1

文物行业重大事故隐患特征清单

检查范围		重点检查事项
日常文物安全管理中存在的风险隐患和问题	1. 安全管理	（1）无安全责任人、管理人，未实施安全责任制； （2）未公告公示本单位文物安全直接责任人； （3）缺少安全管理机构和安全保卫人员； （4）无安全管理制度，未针对主要安全风险采取安全防范措施； （5）安全责任人、安全管理人员对本单位重点安全区域部位、重点安全风险隐患不了解、不知情； （6）未进行日常安全巡查检查，无安全检查记录档案； （7）抽查检查发现的突出安全隐患问题未整改。
	2. 安全设施设备建设、运维	（1）无安全防护设施、设备，或安全防护设施设备配置明显不足； （2）安全防护设施、设备严重老化破损，或者将专用器材移作他用，导致不能正常使用的； （3）未对安全防护设施、设备进行检测维护，或设施设备不达标等导致安防、消防设施设备不能正常启用或运行的； （4）安防、消防控制室值班人员未取得相关证书，不能熟练操作控制设备； （5）缺乏消防水源或者消防水量和水压严重不足； （6）未设置消防应急照明、疏散指示标志、安全出口指示标志的； （7）消防通道、安全出口、疏散通道被封堵，防火间距被侵占。

检查范围		重点检查事项
日常文物安全管理中存在的风险隐患和问题	3. 应急预案演练、安全教育培训	（1）未根据火灾等各类突发安全情况制定应急预案； （2）未开展过安全应急演练； （3）安全管理人员不清楚应急处置工作重点和工作程序、步骤，不了解疏散逃生路线； （4）未进行消防安全、安全保卫专业培训，不会使用消防、安防设施设备； （5）志愿消防队或微型消防站队员不能熟练掌握处置初起火灾方法。
	4. 火灾危险源	（1）违规使用超负荷大功率电热器具；违规使用卤素灯、白炽灯、高压汞灯等高温照明设备； （2）空调、电磁炉、电茶壶等用电设备严重老化； （3）在文博单位室内为电动车辆、蓄电池等充电； （4）大量明敷电气线路未穿管保护，普遍存在线路老化、绝缘层破损、线路受潮、水浸等问题；有多处过热、烧损、熔焊、电腐蚀等痕迹； （5）使用淘汰刀闸开关，电气线路、开关、插座或电器设备直接设置在易燃可燃材料上，无防护措施； （6）配电柜（箱、盘）未正确安装，存在漏电危险，以及插座串联或者级联使用；配电箱、用电设备、线路接头的危险距离范围内堆放有可燃物，大功率电器散热空间不符合散热要求； （7）违规采用泡沫彩钢板等易燃可燃材料在文博单位内搭建临时用房； （8）在禁烟场所吸烟或文物保护范围内违规使用明火；在非宗教活动场所的文物保护单位燃香、点灯、烧纸（帛）。
重点场所、不同使用功能区域存在的风险隐患和问题	1. 用于居住的文物建筑	（1）未严格控制用火行为，依然使用柴火、炭火作为主要火源的； （2）违规使用或存放瓶装液化石油气、小型液化气炉、油气炉及其他甲、乙类液体燃料等； （3）厨房未与其他区域采取防火分隔措施，炉具和燃气设施未检测和保养，燃气管道、法兰接头、仪表、阀门等存在严重破损、泄漏、老化等； （4）文物建筑内堆放大量柴草、木料、煤炭等易燃可燃物。
	2. 用于宗教活动场所的文物建筑	（1）未在指定区域内燃灯、烧纸、焚香；确需使用明火时，未采取防护措施加强管理，并由专人看管； （2）文物建筑殿内使用的经幡、帐幔、伞盖、地毯、锦锈等可燃织物未与明火源、电气线路、电器产品等保持安全距离； （3）长明灯、蜡烛未采取由不燃材料制成的固定灯座、灯罩和烛台等安全防护措施； （4）僧人宿舍内违规用火用电，缺乏消防设施器材等防范措施。

检查范围		重点检查事项
重点场所、不同使用功能区域存在的风险隐患和问题	3. 文物保护工程、考古和新建改建博物馆工地等	（1）无工程工地安全安全责任人； （2）将工程项目非法转包、分包等； （3）未制定工程工地安全管理制度；未进行工地安全巡查检查； （4）未配备安全管理人员和文物安全防护设施设备； （5）未开展施工人员岗前安全警示教育培训； （6）未编制人员救护、文物抢救保护等预案； （7）施工现场违规用电动火； （8）未严格履行电气焊等动火作业审批手续； （9）聘用和召请未经安全培训合格、未取得相关证书的人员在特种作业岗位上岗作业。 （10）动火作业人员未遵守消防安全操作规程，未落实现场监护人员和防范措施； （11）未对电气焊设备进行全面安全检查，带病作业，使用淘汰或危及安全的电气焊设备； （12）未对考古作业或文物保护工程施工危险区域、部位采取加固、支护、围挡等安全措施。
	4. 外租外包生产经营活动和涉及场所区域	（1）利用文物博物馆单位开展生产经营和场所外包外租（包括委托、合作等类似方式）的，承包承租方不具备安全生产条件或资质资格以及双方未签订安全生产协议、安全生产管理职责不清的； （2）承包承租方未落实安全生产责任制，未实施安全管理制度； （3）未将上述生产经营活动纳入文物行业安全管理，未实施问题隐患排查和定期安全检查； （4）上述生产经营活动中，发现突出安全隐患和问题，未进行整改整治； （5）违规设置经营性商铺、公共娱乐场所、民宿酒店饭店等； （6）违规使用大功率电器，或餐饮用火、施工用火存在突出问题； （7）大量照明灯具设置及电气线路敷设不符合要求； （8）违规储存、使用大量易燃易爆物品。

文物行业重大事故隐患专项排查整治
2023 行动进展情况调度表

_____省（区、市）　　　　　　时间：2023 年　　月　　日

总体情况	1	文物系统各单位自查发现的重大事故隐患（个）		2	文物系统各单位自查发现重大事故隐患中已完成整改的（个）	
	3	文物行政部门检查发现的重大事故隐患（个）		4	文物行政部门检查发现的重大事故隐患中已完成整改的（个）	
	5	政府挂牌督办的重大事故隐患（个）		6	政府挂牌督办的重大事故隐患中已完成整改的（个）	
对各单位自查自改进行抽查检查情况	1	文物行政部门抽查检查发现的重大事故隐患（个）		2	文物博物馆单位主要负责人未按要求亲自研究排查整治工作（家）	
	3	文物博物馆单位主要负责人未带队检查（家）		4	文物博物馆单位未制定分管负责人职责清单（家）	
	5	文物博物馆单位未按要求建立安全管理机构和配足安全管理人员（家）		6	电气焊等特种作业岗位人员无证上岗作业（家）	
	7	外包外租安全管理混乱（家）		8	未按规定开展应急演练、员工不熟悉逃生出口（家）	
严格执法严肃追责问责情况	1	帮扶指导重大市、县（个次）		2	帮扶指导重点企业（家次）	
	3	行政处罚（次、万元）		4	责令停止开放、停工整顿（家）	
	5	移送司法机关（人）		6	曝光、约谈文物博物馆单位（家）	
	7	公布典型执法案例（个）		8	典型执法案例中危险作业罪案例（个）	
	9	责任倒查追责问责（人）		10	约谈通报有关地区及部门（次）	

党委政府组织领导情况	1	省、市、县党委政府分别组织专题学习安全生产十五条硬措施（次）		2	省、市、县党委政府主要负责同志分别专题研究（次）	
	3	省、市、县党委政府负责同志分别现场督导检查（次）		4	省、市、县安委会成员单位负责同志分别到文物系统或单位宣讲（次）	
	5	举报奖励（万元），其中匿名举报查实奖励（万元）		6	是否在省级主流媒体播放安全生产专题项目	
	7	市县两级配备专兼职技术检查员数量（人）		8	组织开展考核巡查督导检查（次）	

国家林业和草原局安全生产办公室关于印发《林草行业生产安全重大事故隐患评定标准（试行）》的通知

各省、自治区、直辖市、新疆生产建设兵团林业和草原主管部门，国家林业和草原局各司局、各派出机构、各直属单位，内蒙古、吉林、长白山、龙江、伊春森工集团：

为准确认定林草行业生产安全重大事故隐患，指导各级林业和草原主管部门做好安全生产监督管理范围内的重大事故隐患排查整治工作，我局安全生产办公室研究编制了《林草行业生产安全重大事故隐患判定标准（试行）》(见附件)，现印发给你们，请遵照执行。

执行中如有问题，请及时反馈。

特此通知。

国家林业和草原局安全生产办公室

防火司（代章）

2023 年 11 月 28 日

林草行业生产安全重大事故隐患
判定标准（试行）

第一条 为准确认定、及时消除林草行业生产安全重大事故隐患，有效防范和遏制群死群伤事故发生，根据《中华人民共和国安全生产法》《中华人民共和国森林法》《中华人民共和国草原法》《中华人民共和国野生动物保护法》等法律法规，制定本标准。

第二条 本标准所称重大事故隐患，是指在林草行业生产经营活动（包括与生产经营相关的活动）中，存在的危害程度较大、可能导致群死群伤或造成重大经济损失的生产安全事故隐患。

第三条 本判定标准适用于判定各级林业和草原主管部门安全生产监督管理范围内的重大事故隐患。消防、煤矿、危险化学品、工贸、道路交通、特种设备等有关行业领域对重大事故隐患判定标准另有规定的，适用其规定。

第四条 林草行业安全生产领域有下列情形之一的，应判定为重大事故隐患：

（一）营造林、木竹材采伐、疫木处理、野外调查监测、林草有害生物防治等作业人员未接受专业及安全教育培训，作业时未严格执行操作规程，未落实必要的安全措施。

（二）林草系统森林草原消防专业和半专业队伍未经过防灭火技术训练和紧急避险训练。

（三）具有明显攻击性的陆生野生动物人工繁育和公众展示展演场所，未采取防止野生动物逃逸措施，未设置警示提醒。

第五条 本标准自发布之日起执行。

教育系统重大事故隐患排查指引（试行）

教育部办公厅

为贯彻落实国务院安委会关于开展重大事故隐患专项排查整治 2023 行动部署要求，切实提升教育系统风险隐患排查和整改质量，结合教育系统近几年校园安全检查和调研工作实际，对教育系统校园安全存在以下情形的，应作为教育系统重大事故隐患专项排查整治重点，其中属于各级各类学校职责的，要认真落实整改，不属于教育部门职责的，要及时通报有关部门，积极协助推动隐患整改。

一、学校综合治理与意识形态安全。学校法治教育缺乏、无师生纠纷调解机制和组织，存在突出涉校矛盾纠纷，发生师生群体性事件；开展师生防诈骗工作不够，导致师生重大财产损失；师生开展安全教育、培训演练缺乏，存在政治安全领域突出隐患；舆情监测与应对机制不完善，存在重大舆情风险；学生社团、涉外活动、讲座论坛、课堂教学等意识形态阵地管理不规范等。

二、学校消防、防灾减灾与建筑安全工作。学校消防、防灾减灾和建筑安全工作责任不明晰；建筑消防基础设施、灭火器材长期失修，不能正常使用；学生公寓楼内消防水压力不够或无消防水、疏散标识不符合实际疏散要求、消防疏散出口长期锁闭或采取技术手段未达到实际效果；楼宇消防控制室值班人员无证上岗且不懂突发情况下如何疏散；建筑避雷设施老化失修，未按规定完成避雷检测；学校存在 C、D 级危房，未采取安全防范措施；楼宇内存在师生对电动自行车充电作业现象；学校水、电、气、热运行存在安全隐患或不能正常运行等。

三、学校在建工程安全施工工作。在建工程安全生产责任制、突发事件处置机制不健全，未建立相应的责任追究体系；工程项目开工前，未按规定取得审批手续及相关规划、建设手续；项目负责人未认真履行带班制度，项目监理人员未按时在岗；在建工程项目部未按规定足额配备专职安全生产管理人员，相关人员未按规定取得安全生产考核合格证书；学校未定期组织开展工程项目安全生产检查和隐患排查治理，参建单位未按计划进行隐患排查；在建工程项目部未建立安全教育培训制度及应急救援组织，未针对防触电、防坍塌、防高处坠落、防起重及机械伤害、防火灾等主要内容制定专项应急救援预案。

四、学校实验室（含实训基地）安全工作。未建立完善的安全管理办法和制度，安全管理责任体系不明确；缺乏定期安全检查，未实现问题排查、登记、报告、整改、复查的"闭环管理"；实验室相关人员缺乏安全培训、无实验室准入制度；涉及有毒有害化学品、危险气体、动物及病原微生物、辐射源及射线装置、同位素及核材料、危险性机械加工装置、强电强磁与激光设备、特种设备等重要危险源的项目缺乏风险评估与管控；重要危险源的采购、运输、储存、使用及相关废弃物收贮不规范，涉及重要危险源实验室的消防设备不匹配；缺乏应急预案和演练，应急功能、人员、装备、物资不完备；事故报告存在迟报、谎报、瞒报、漏报、无续报等。

五、校车安全、防溺水等工作。中小学幼儿园内外未实行人车分流措施，存在较大交通安全隐患；中小学幼儿园校车使用不符合国家标准；校车司机未进行必要交通安全教育、未取得相应驾驶校车资格；校车未安装电子追踪轨迹系统；校车行驶未经过当地公安交通管理部门审批同意等；学生防溺水教育不够，学校连续发生学生溺水死亡事件等。

六、学校食品卫生安全工作。学校食堂不符合国家食品卫生相关要求；食堂后厨未采取封闭管理安全措施；食堂从业人员健康管理不严易产生食品污染风险；食堂采购的食材渠道不正规、食材不能溯源，存在食品卫生安全风险；食堂违规使用食品添加剂；学校不能严格执行食品安全校长（园长）负责制和学校相关负责人陪餐制度等。

七、校外培训安全监管防范。校外培训机构存在安全健康隐患，未能落实《校外培训机构消防安全管理九项规定》有关要求，落实消防安全主体责任不力；培训设施设备安全不达标；违规招用有暴力、性侵等违法犯罪记录的从业人员；校外培训机构存在"跑路"风险，可能导致家长学生合法权益受损。

关于印发《公路交通事故多发点段及严重安全隐患排查工作规范（试行）》的通知

公交管〔2019〕172号

各省、自治区、直辖市公安厅、局交通管理局、处，新疆生产建设兵团公安局交警总队：

　　进一步健全完善公路交通安全隐患排查工作长效机制，规范公路交通事故多发点段的排查工作，有效防范和减少道路交通事故，根据《2019年预防重特大道路交通事故工作方案》，我局制定了《公路交通事故多发点段及严重安全隐患排查工作规范（试行）》，现印发给你们，请结合实际，认真贯彻落实。执行情况及工作中遇到的问题，请及时报我局。

公安部交通管理局

2019年3月29日

公路交通事故多发点段及严重安全隐患
排查工作规范（试行）

第一章 总　　则

第一条　为健全完善公路交通安全隐患排查工作长效机制，规范公路交通事故多发点段的排查工作，有效防范和减少道路交通事故的发生，根据《道路交通安全法》及其实施条例的规定，以及《国务院关于加强道路交通安全工作的意见》（国发〔2012〕30号）及其分工方案的要求，制定本规范。

第二条　本规范适用于已经投入使用的高速公路及一、二、三、四级公路的交通事故多发点段排查和交通严重安全隐患排查。

等外公路可以参照执行。

第三条　公路交通事故多发点段及严重安全隐患排查要坚持以预防和减少道路交通事故为目标，通过强化交通事故统计分析，排查确定事故多发点段和存在严重安全隐患路段，提出针对性的治理意见和建议，推动隐患整改和公路安全水平的提升。

第二章　公路交通事故多发点段排查

第四条　公路交通事故多发点段排查由县级以上公安机关交通管理部门组织开展，由事故处理及预防、秩序管理、交通设施等相关人员参加。可以根据需要，会同当地交通运输、应急管理等部门联合开展排查工作。

上级公安机关交通管理部门负责对下级公安机关交通管理部门开展排查工作进行业务指导和技术支持。

第五条　公路交通事故多发点段排查工作应当按照以下程序进行：分析处理交通事故数据、筛查分类事故多发点段、深入调查分析、提出治理建议、制作排查报告，每年度不少于1次。

第六条　分析处理交通事故数据应当在充分收集整理辖区近3年道路交通事

故数据基础上，深入研判事故特点。

第七条　公路交通事故多发点段根据事故发生频次及严重程度分为一类多发点段、二类多发点段和三类多发点段，筛查分类标准参照附录1执行。

其中，一、二、三类多发点段排查分别由省、市、县三级公安机关交通管理部门督办。

第八条　排查公路交通事故多发点段应当根据历史交通事故数据，分析事故多发的原因、事故特征及分布特点等，确定与道路相关的重点调查内容，并对暴露出的安全隐患进行分析。相关调查分析方法可以参考附录2执行。

第九条　公安机关交通管理部门应当对调查分析确认的公路安全隐患，提出消除隐患的建议。

第十条　公路交通事故多发点段排查报告应当参照附录3的格式制作，且包含下列内容：

（一）排查单位及成员名单；

（二）排查时间及工作方式、方法、过程；

（三）排查路段基本信息；

（四）多发点段分类；

（五）安全隐患调查分析；

（六）消除隐患的建议；

（七）相关附件。

第三章　公路严重安全隐患排查

第十一条　县级以上公安机关交通管理部门根据管理体制及职责分工，负责本辖区公路交通严重安全隐患的排查工作，实行日常排查和专项排查相结合的工作方式，并配合同级交通运输部门开展相关工作。

第十二条　日常排查是指公安机关交通管理部门日常执勤执法过程中，发现急弯、陡坡、临崖、临水、长下坡等重点路段标志标线和安全防护设施严重缺失、损坏，以及群众或者其他公安机关交通管理部门、有关部门认为明显危及交通安全的公路安全隐患。

第十三条　专项排查是指公安机关交通管理部门根据工作需要，在特定时段针对重点路段或者突出安全隐患类型开展的公路严重安全隐患排查，排查内容和方式由组织专项排查的公安机关交通管理部门自行确定。

必要时，可以提请同级人民政府牵头，相关部门共同开展。

第十四条 公安机关交通管理部门对排查确认的公路交通安全严重隐患，应当提出消除隐患的建议。

第十五条 公安机关交通管理部门制作公路交通安全严重隐患排查报告，应当包含下列内容：

（一）排查单位、时间及过程；

（二）公路交通严重安全隐患情况及分析；

（三）消除隐患的建议；

（四）相关附件。

第四章　推动整改和治理

第十六条 公安机关交通管理部门应当将排查结果书面报告同级人民政府，并抄送同级交通运输、应急管理等行业主管部门及产权单位，同时报上一级公安机关交通管理部门备案。

对于高速公路，应当将排查结果向有路产管辖权的人民政府报告，并抄送相应层级行业主管部门。

第十七条 公安机关交通管理部门可以根据交通事故多发点段类别或者严重安全隐患治理难度，提请同级人民政府或者道路交通安全工作联席会议等议事协调机构挂牌督办。

对隐患治理难度较大或者投入超出本地财政承担能力的，可以由上级公安机关交通管理部门提级督办。

第十八条 公安机关交通管理部门可以联合有关部门对排查出的公路交通事故多发点段及严重安全隐患路段，通过跟踪整改、公布提示、宣传曝光等方式，推动排查发现问题的治理。

第十九条 公安机关交通管理部门应当定期了解掌握已报告的隐患问题治理进度。对于未及时处理的，应当督促提醒。

第二十条 公安机关交通管理部门可以对事故多发点段及严重安全隐患路段的治理情况，依据交通事故数据评价治理效果。

第五章　档案记录与考核

第二十一条　公安机关交通管理部门应当将交通事故多发点段和严重安全隐患路段排查过程中制作或者收集的资料以及排查报告书、相关函件、工作记录等资料及时存档，保存期限不少于 3 年。

第二十二条　省级公安机关交通管理部门应当建立完善公路交通事故多发点段和严重安全隐患排查数据库，开展动态监测。

第二十三条　公路交通事故多发点段和严重安全隐患排查工作应当纳入各级公安机关交通管理部门的工作考核内容，设立相应奖罚措施。

第六章　附　　　则

第二十四条　各级公安机关交通管理部门应当将开展公路交通事故多发点段及严重安全隐患排查的费用纳入经费保障。

第二十五条　上级公安机关交通管理部门应当定期对下级开展公路交通事故多发点段及严重安全隐患排查工作进行教育培训。

第二十六条　公安机关交通管理部门可以聘请专业机构或者人员参与公路交通事故多发点段及严重安全隐患的排查工作，形成消除隐患的综合对策建议。

各级公安机关交通管理部门可以视情况建立本辖区排查工作专家库以及专业机构推荐清单。

第二十七条　鼓励采用新技术、新方法开展公路交通事故易发风险评估，特别是提早发现新建及改扩建路段存在的交通安全隐患。

第二十八条　各省级公安机关交通管理部门应当在每年年底最后一周将年度本省（区、市）公路交通事故多发点段及严重安全隐患排查工作情况上报公安部交通管理局。

第二十九条　省级公安机关交通管理部门可以根据本规范，结合本地实际，制定具体实施办法。

第三十条　本规范自下发之日起施行。

附录1：公路交通事故多发点段分类参考标准

附录 1 公路交通事故多发点段分类参考标准

一、交通事故多发点段划分

道路交通事故多发点、段是指 3 年内，发生多起交通事故或事故损害后果极其严重，有一定规律特点的道路点、段。

1. 普通公路

普通公路交通事故多发点的范围为：距交叉路口中心点 250 米（含，下同）范围内或一般路段上 500 米范围内，及隧道口、接入口等。

普通公路交通事故多发段的范围为：道路上 2000 米范围内或桥梁、隧道、长大下（上）坡全程。

2. 高速、一级公路

高速公路、一级公路多发点范围为：道路上 1000 米（含）范围内或收费站、隧道口、匝道口（含加减速车道）、接入口、平面交叉口等点。

高速公路、一级公路交通事故多发段的范围为：道路上 4000 米范围内（单向）或桥梁、隧道、长大下（上）坡全程。

二、交通事故多发点段分类

按照公路所发生交通事故的数量及后果（不含毒驾、酒驾等事故），公路交通事故多发点段分为一类、二类、三类三种类型。其中：

1. 一类点、段需符合下列条件之一：

（1）近 3 年内，发生 1 起及以上一次死亡 5 人（含）以上道路交通事故，且事故的发生与道路因素有关的；

（2）近 3 年内，发生 2 起及以上一次死亡 3 人（含）以上道路交通事故的；

（3）近 3 年内，发生 6 起以上死亡交通事故的；

（4）公安机关交通管理部门认为存在特别严重安全隐患的其它事故多发点、段。

2. 二类点、段需符合下列条件之一：

（1）近3年内，发生1起一次死亡3~4人道路交通事故，且事故的发生与道路因素有关的；

（2）近3年内，发生3~5起致人死亡的交通事故的；

（3）近3年内，发生6起以上致人伤亡的交通事故的；

（4）公安机关交通管理部门认为存在严重安全隐患的其它事故多发点、段。

3. 三类点、段需符合下列条件之一：

（1）近3年内，发生1~2起死亡交通事故，且事故的发生与道路因素有关的；

（2）近3年内，发生3~5起致人伤亡的交通事故的；

（3）一定时间内，发生道路交通事故（含简易事故）情况突出的；

（4）公安机关交通管理部门认为存在安全隐患的其它事故多发点、段。

道路交通重大事故隐患排查
指引（试行）

公交管〔2023〕209号

为贯彻落实国务院安委会关于开展重大事故隐患专项排查整治2023行动部署要求，切实提升风险隐患排查整改质量，结合道路交通安全工作实际，对道路交通安全领域存在以下情形的，应作为道路交通重大事故隐患专项排查整治重点内容，其中属于公安交管部门职责的，要认真落实整改，不属于公安交管部门职责的，要及时通报有关部门，积极推动隐患整改。

一、"两客一危"、重型货车在营运过程中存在超员20%以上、超速50%以上、超限超载100%以上、严重疲劳驾驶（连续驾驶8小时以上，期间休息时间不到20分钟）、酒驾醉驾违法行为的；

二、面包车超员载客、驾乘人员超过10人，三（四）轮车、轻型货车、拖拉机等非载客车辆违法载人超过10人的；

三、近三年内发生2起以上较大道路交通事故或6起以上致人死亡道路交通事故，且事故原因与道路隐患有关的路段（普通公路500米为区间、高速公路1000米为区间）；

四、近三年内受浓雾、雨雪、低温冰冻天气影响，导致5车以上多车相撞致人伤亡交通事故的路段；

五、急弯陡坡、临水临崖、长大下坡、桥梁隧道和施工路段，发生过与安全防护设施缺失有关的一次死亡3人以上交通事故的；

六、矿山、钢铁、水泥、砂石等重点货运源头企业存在长期违规装载、放任严重超限超载货车出厂（场）上路，以及因此导致亡人交通事故情形的；

七、"两客一危"、重型货车擅自关闭、破坏、屏蔽、拆卸车载动态监控系统，所属企业未及时发现纠正的；

八、客货运输企业所属车辆及驾驶人交通违法、交通事故问题突出，依据重点运输企业交通安全风险评价办法被判定为高风险企业的；

九、使用设置乘客站立区的客车上高速公路行驶的，以及延伸到农村的城市公交车辆，未报经地市级人民政府同意（直辖市辖区范围内的应报直辖市人民政府）使用设置乘客站立区的客车的；

十、机动车检验机构对于"两客一危"、重型货车出具虚假安全技术检验报告的。

治安领域重大事故隐患排查
指引（试行）

公治安〔2023〕2652号

治安领域存在以下情形的，建议作为重大事故隐患排查整治重点内容。

一、爆炸危险物品

1. 爆破作业单位未按照资质等级从事爆破作业，或无资质人员从事爆破作业。

2. 爆破作业现场临时存放民用爆炸物品未设专人管理、看护。

3. 爆破作业单位民爆物品储存库超出核定库容存放民用爆炸物品，或炸药、雷管同库存放，或废弃、收缴的爆炸物品与民爆物品同库存放。

二、大型群众性活动

1. 活动场所、设施、建筑物存在严重安全、消防隐患。

2. 参加活动人员严重超出核准的活动场所容纳人员数量。

三、地铁公交

1. 地铁公交运营企业未落实单位内部治安保卫工作制度。

2. 地铁公交运营企业未按要求对排查出的治安隐患落实整改措施。

四、长途客运

1. 一类、二类客运班线经营者或者其委托的售票单位、配客站点未落实实名制售票和实名查验，或一级、二级客运站人防、物防、技防建设不符合《反恐怖主义法》有关要求。

2. 长途客运场站未严格落实《道路客运车辆禁止限制携带和托运物品目录》，存在易燃易爆、危险物品进站上车风险。

商务领域安全生产重大隐患
排查事项清单

商建办便〔2023〕1400号

一、大型商业综合体

1. 大型商业综合体未按照应急管理部《大型商业综合体消防安全管理规则（试行）》（应急消〔2019〕314号）、《大型商业综合体火灾风险指南（试行）》（应急消〔2021〕59号）要求明确消防安全责任人、消防安全管理人、消防安全工作归口管理部门，未制定消防安全管理制度、灭火和应急疏散预案。

2. 大型商业综合体内零售、餐饮经营主体从业员工未进行上岗前消防培训。

3. 大型商业综合体内零售、餐饮经营主体装修施工时，未经消防部门审批违规动用明火。未按规定向消防部门申请公众聚集场所投入营业、使用前消防检查。

4. 大型商业综合体内零售场所商品、货柜、摊位设置影响消防设施正常使用；摆放占用疏散通道，堵塞安全出口；营业期间安全出口上锁。

二、旧货市场

1. 未建立安全生产责任制度和消防安全检查制度，未组织安全生产应急预案演练。

2. 未对从业员工进行上岗前安全培训。

3. 开业前未按规定向消防部门申请公众聚集场所投入营业、使用前消防检查。

三、再生资源回收

1. 未建立安全生产责任制度和消防安全检查制度，未组织安全生产应急预案演练。

2. 未对从业员工进行设施设备操作等上岗前安全培训。

3. 场所内物品摆放影响消防设施正常使用；占用疏散通道，堵塞安全出口；营业期间安全出口上锁。

4. 用电用气等人员未持证上岗。

5. 开业前未按规定向消防部门申请公众聚集场所投入营业、使用前消防检查。

四、成品油流通

1. 未建立安全生产、消防安全责任制度；未建立应急预案；未建立消防巡查记录。

2. 未组织安全生产应急预案演练；未对从业人员进行安全培训、教育。

3. 成品油零售企业未对散装汽、柴油销售规范管理，未落实实名制登记要求。

4. 成品油零售企业未设置加油机防撞栏和相关防止车辆误碰撞的措施和警示标示，未为从业人员配备个人防护用品。

五、报废机动车回收拆解

1. 未建立安全生产管理责任制度和消防安全检查制度，未制定安全生产事故应急预案。

2. 用电用气等人员未持证上岗。

3. 企业未在资质认定的拆解场地内拆解报废机动车。

4. 动力蓄电池贮存场地未设在易燃、易爆等危险品仓库及高压输电线路防护区域以外，未设有烟雾报警器等火灾自动报警设施。

六、中央储备承储企业

1. 中央储备肉、边销茶、生丝承储企业未建立安全生产管理制度。

2. 中央储备肉、边销茶、生丝承储企业未定期对储存库电气、电路、防汛、防火、制冷等设施设备故障隐患进行排查整改。

七、大型消费促进活动（1000人以上）

1. 活动承办方未制定安全工作方案及应急预案。

2. 未明确活动场地可容纳人员数量，未合理安排活动参加人数及限流措施。

3. 未显著标明安全撤离通道和路线，疏散通道、安全出口、消防车通道不畅通。

4. 监控设备和消防设施、器材未配置齐全。

八、餐饮领域

1. 餐饮经营主体未建立安全生产制度，未明确安全生产责任人。

2. 餐饮经营主体未对从业人员不定期开展瓶装液化石油气安全、消防安全常识和应急处置技能培训。

3. 燃气经营企业或燃气主管部门未对该餐饮经营主体进行安全检查和安全用气培训；燃气使用场所未安装可燃气体报警装置。消防部门未对该餐饮经营主体进行安全检查。

4. 餐饮经营主体同时具有卡拉 OK、歌舞表演等娱乐功能的，未取得文化娱乐部门相关许可，未向消防部门申请公众聚集场所投入营业、使用前消防安全检查。

九、住宿领域

1. 住宿经营主体未建立安全生产制度，未明确安全生产责任人。

2. 住宿经营主体未对从业人员不定期开展消防安全常识和应急处置技能培训。

3. 住宿经营主体未申请公众聚集场所投入营业、使用前消防安全检查，消防部门未对该住宿经营主体进行安全检查。

4. 住宿经营主体使用自建房从事经营，未获得房屋安全鉴定合格证明或该证明过期的。

十、展览领域

1. 在境内举办涉外经济技术展览会主办单位未制定展览活动安全生产及应急预案，未明确安全生产联系人及联系方式，未加强人员检查及现场安全管理，未落实安全生产措施和责任。

2. 每场次预计参加人数达到 1000 人以上的在境内举办涉外经济技术展览会未按照《大型群众性活动安全管理条例》制定安全工作方案并取得相应级别人民政府公安机关批复的活动安全许可。

十一、对外投资合作和对外援助执行领域

1. 未遵守我国及所在国安全生产法律法规。

2. 未制定或未严格执行境外安全生产管理制度。

3. 未对外派人员进行安全生产教育培训，未做到"不培训、不派出"。

4. 未制定突发事件应急预案或未开展应急演练；未妥善处置境外安全生产事件。

文化和旅游领域重大事故隐患
重点检查事项

办市场发〔2023〕172 号

一、责任落实情况

（一）是否建立健全并落实全员安全生产责任制；

（二）是否制定安全生产规章制度和应急预案，并建立安全管理档案；

（三）是否开展日常安全检查并组织安全培训和应急演练；

（四）是否保证本单位安全生产投入的有效实施；

（五）是否建立并落实安全风险分级管控和隐患排查治理双重预防工作机制；

（六）是否及时、如实报告生产安全事故。

二、设施设备情况

（七）是否设置疏散路线示意图、安全出口、疏散通道、安全提示等指示标志，灭火器、应急照明灯具等消防设施是否正常；

（八）星级饭店、娱乐场所、剧院等营业性演出场所、公共文化单位是否按国家工程建设消防技术标准的规定设置自动喷水灭火系统或火灾自动报警系统；

（九）是否将电梯、客运索道、大型游乐设施等特种设备的安全使用说明、安全注意事项和警示标志置于显著位置。

三、安全管理情况

（十）旅行社是否规范旅游包车、租车行为，是否做到"五不租"（不租用未取得相应经营许可的经营者车辆、未持有效道路运输证的车辆、未安装卫星定位装置的车辆、未投保承运人责任险的车辆、未签订包车合同的车辆）；

（十一）在用特种设备是否取得特种设备使用登记证和检验合格证；

（十二）特种设备管理人员、作业人员是否取得相关证书；

（十三）人员密集场所是否存在外窗被封堵或被广告牌等遮挡，疏散走道、楼梯间、疏散门或安全出口是否通畅；

（十四）A 级旅游景区开放是否经过安全评估。检查中发现存在第（八）、（十）、（十一）、（十四）项情况的，可直接判定为重大事故隐患。

医疗机构重大事故隐患判定清单（试行）

国卫办密安函〔2023〕490号

一、医疗机构中的特种作业人员、特种设备安全管理和作业人员未按有关规定取得相应从业资格证书上岗。

二、医疗机构使用的医疗、变配电、医用气体、消防、燃气和机械式停车库等设备设施，存在以下可能直接或间接导致人员伤亡事故情形之一的：

（一）设备的设计、制造、安装、使用、检测、维修、改造和报废，不符合强制性国家标准或者强制性行业标准；

（二）使用未取得生产许可、未经检验或检验不合格的、国家明令淘汰或已经报废的设备；

（三）使用的设备发生过事故或者存在明显故障，未对其进行全面检查、消除事故隐患，继续使用的；

（四）监督管理部门认为属于重大事故隐患的其他情形。

三、未经有权部门批准，擅自关闭或者破坏直接关系生产安全的监控、报警、防护、救生设备、设施，以及篡改、隐瞒、销毁其相关数据、信息。

四、医疗机构使用的燃气设备未安装可燃气体报警装置或无法保障其正常使用的。

五、医疗机构供临床直接使用的房屋建筑存在以下情形之一的：

（一）未委托具有相应资质等级设计单位提出设计方案，擅自变动房屋建筑主体和承重结构的；

（二）房屋地基基础不稳定、出现明显不均匀沉降，或承重构件存在明显损伤、裂缝或变形，随时可能丧失稳定和承载能力的。

六、医疗机构有以下情形之一的：

（一）将项目、场所、设备发包或者出租给不具备安全生产条件或者相应资质的单位或者个人的；未与承包单位、承租单位签订专门的安全生产管理协议，或者在承包合同、租赁合同中未约定各自的安全生产管理职责的；

（二）未对承包单位、承租单位的安全生产工作统一协调、管理，未定期进行安全检查的；

（三）发现安全问题，未及时督促承包单位、承租单位整改的。

七、医疗机构涉及危险化学品、火灾、燃气、特种设备、房屋市政工程、电力等方面的重大事故隐患判定另有规定的，适用其规定。

广播电视行业安全生产重大事故隐患特征清单

国家广播电视总局办公厅

检查范围		重点检查事项
日常广播电视安全管理中存在的风险隐患和问题	组织领导	1. 未传达学习习近平总书记关于安全生产工作重要论述、重要指示精神以及党中央、国务院相关工作部署； 组织领导 2. 未明确牵头承担安全生产管理职责的部门； 3. 主要负责同志、分管安全生产负责同志未定期研究安全生产工作； 4. 未建立并落实安全生产定期检查机制。
	规章制度	1. 未制定单位内部建筑施工、消防、重点部位管理等规章制度； 日常广播电视安全 2. 未制定单位内部突发事件总体应急预案及消防、治安、反恐等分预案； 管理中存在的风险
	安全生产管理	1. 未组织开展安全播出技术安全保障工作中涉及高频、高压、高空、动火用电、用油用气等高危环节的隐患排查整治工作； 安全生产管理 2. 建筑物未通过消防验收，相关项目未严格遵照抗震、消防等工程建设强制性行业标准执行； 3. 建筑消防设施不完备，未按照有关要求，对建筑消防设施每年进行一次全面检测； 4. 未按照标准规范要求定期组织对变配电室、配电线路等进行电气防火安全检测； 5. 元旦、春节、国庆等重点时期未开展安全检查，检查发现的隐患未进行整改； 6. 未定期排查消防责任的落实、消防设备状况，疏散通道、安全出口、消防通道畅通情况，机房、电力室、库房等重要部位安全管理情况，办公场所用电安全情况； 7. 安全生产相关岗位未配备专业技术人员和特种作业人员，相关人员未通过岗位培训和考核； 8. 未组织领导干部、重点人员以及全体职工分层次开展安全生产教育培训； 9. 举办大型活动时，未制定工作方案和应急预案； 10. 未组织对电力燃气进行安全管理，未组织对电动车充电和违规停放进行安全管理。

检查范围		重点检查事项
影视拍摄安全管理中存在的风险和问题	组织领导	1. 未明确安全责任分工，无安全管理责任人； 2. 安全管理责任人对重点安全风险隐患不了解、不知情； 3. 未组织开展对全体工作人员的安全生产教育培训。
	规章制度	1. 未制定安全管理规章制度和问题； 2. 未制定突发事件应急预案； 3. 未定期组织开展安全应急演练； 4. 未建立安全检查巡查制度。
	安全生产管理	1. 涉及安全生产的主要工作人员（包括但不限于枪械、烟火、爆破、航拍等），不具备符合国家有关部门要求的相应资质； 2. 对存在安全风险的拍摄设备（如照明、烟火、枪支、炸药、氮气罐等），未全面掌握并列出风险清单，未规范作业程序和作业制度，未定期检查维修； 安全生产管理 3. 道具枪支及弹药未经公安机关批准使用，未按规定由专人进行运输和保管，相关人员未经正规培训并持证上岗； 4. 烟火、爆破作业需要的相关原材料未达到国家相关要求，生产厂家不具备工商资质； 5. 航拍、水上、水下等特殊拍摄未取得属地安全管理部门批准，拍摄方案未经充分论证； 6. 美术置景等施工搭建部门和现场灯光场务等高空非常规操作部门，未采取安全防护措施。

国家粮食和物资储备局垂直管理系统重大生产安全事故隐患判定标准（试行）

本标准适用于国家粮食和物资储备垂管系统通用仓库、成品油库和火炸药仓库（以下简称储备仓库）的重大生产安全事故隐患的判定。储备仓库重大事故隐患分为通用类和专项类，通用类重大事故隐患适用于所有储备仓库，专项类重大事故隐患仅适用于对应的储备仓库。除重大火灾隐患含直接判定和综合判定要素外，其他类别重大事故隐患均为直接判定。若国家相关法规标准另有规定的，以国家法规标准为准。

一、通用类重大事故隐患判定标准

（一）重大火灾隐患判定标准

重大火灾隐患的判定标准分为直接判定和综合判定方法。直接判定是只需符合任意一条判定要素，则直接判定为重大火灾隐患。综合判定是根据判定要素的情形、数量进行综合判定。

直接判定要素如下：

1. 储存和装卸易燃易爆危险品的仓库和专用车站、码头、储罐区，未设置在城市的边缘或相对独立的安全地带；

2. 储存、经营易燃易爆危险品的场所与人员密集场所、居住场所的防火间距小于国家工程建设消防技术标准规定值的 75%；

3. 甲、乙类仓库设置在建筑的地下室或半地下室；

4. 易燃可燃液体储罐（区）未按国家工程建设消防技术标准的规定设置固定灭火、冷却、可燃气体浓度报警、火灾报警设施。

综合判定要素如下：

1. 未按国家工程建设消防技术标准的规定或城市消防规划的要求设置消防车道或消防车道被堵塞、占用；

2. 建筑之间的既有防火间距被占用或小于国家工程建设消防技术标准的规

定值的 80% ，明火和散发火花地点与易燃易爆装置设备之间的防火间距小于国家工程建设消防技术标准的规定值；

3. 在库房中设置员工宿舍且不符合《住宿与生产储存经营合用场所消防安全技术要求》（GA 703）的规定；

4. 未按国家工程建设消防技术标准的规定设置除自动喷水灭火系统外的其他固定灭火设施；

5. 已设置的自动喷水灭火系统或其他固定灭火设施不能正常使用或运行；

6. 消防控制室操作人员未按《消防控制室通用技术要求》（GB 25506）的规定持证上岗；

7. 安全出口数量或宽度不符合国家工程建设消防技术标准的规定，或既有安全出口被封堵；

8. 按国家工程建设消防技术标准的规定，建筑物应设置独立的安全出口或疏散楼梯而未设置；

9. 未按国家工程建设消防技术标准的规定设置消防水源、储存泡沫液等灭火剂；

10. 未按国家工程建设消防技术标准的规定设置室外消防给水系统，或已设置但不符合标准的规定或不能正常使用；

11. 未按国家工程建设消防技术标准的规定设置室内消火栓系统，或已设置但不符合标准的规定或不能正常使用；

12. 未按国家工程建设消防技术标准的规定设置自动喷水灭火系统；

13. 原有防火分区被改变并导致实际防火分区的建筑面积大于国家工程建设消防技术标准规定值的 50% ；

14. 防火门、防火卷帘等防火分隔设施损坏的数量大于该防火分区相应防火分隔设施总数的 50% ；

15. 未按国家工程建设消防技术标准的规定设置疏散指示标志、应急照明，或所设置设施的损坏率大于标准规定要求设置数量的 50% ；

16. 封闭楼梯间或防烟楼梯间的门的损坏率大于其设置总数的 50% ；

17. 消防用电设备的供电负荷级别不符合国家工程建设消防技术标准的规定；

18. 消防用电设备未按国家工程建设消防技术标准的规定采用专用的供电回路；

19. 未按国家工程建设消防技术标准的规定设置消防用电设备末端自动切换

装置，或已设置但不符合标准的规定或不能正常自动切换；

20. 丙、丁、戊类库房内有火灾或爆炸危险的部位未采取防火分隔等防火防爆技术措施；

21. 未按国家工程建设消防技术标准的规定设置火灾自动报警系统；

22. 火灾自动报警系统不能正常运行；

23. 防烟排烟系统、消防水泵以及其他自动消防设施不能正常联动控制；

24. 未按消防法律法规要求设置专职消防队；

25. 储存场所的建筑耐火等级与其储存物品的火灾危险性类别不相匹配，违反国家工程建设消防技术标准的规定；

26. 储存、装卸和经营易燃易爆危险品的场所或有粉尘爆炸危险场所未按规定设置防爆电气设备和泄压设施，或防爆电气设备和泄压设施失效；

27. 违反国家工程建设消防技术标准的规定使用燃油、燃气设备，或燃油、燃气管道敷设和紧急切断装置不符合标准规定；

28. 违反国家工程建设消防技术标准的规定在可燃材料或可燃构件上直接敷设电气线路或安装电气设备，或采用不符合标准规定的消防配电线缆和其他供配电线缆。

易燃、易爆危险品场所存在综合判定要素 1、2、3、4、5 中 3 条以上或任意综合判定要素 4 条以上，即判定为重大火灾隐患；其他场所存在任意综合判定要素 6 条以上，即判定为重大火灾隐患。

（二）特种设备重大隐患判定标准

1. 特种设备作业人员无相应的特种设备作业资格证，或者作业资格证已经超过有效日期的；

2. 在用的特种设备是未取得许可进行安装、改造、重大修理的；

3. 在用的特种设备是未经检验或检验不合格的（使用资料不符合安全技术规范导致检验不合格的电梯除外）；

4. 在用特种设备超过规定参数、使用范围使用的；

5. 在用的特种设备是国家明令淘汰的；

6. 在用的特种设备是已经报废的；

7. 在用特种设备存在必须停用修理的超标缺陷的；

8. 在用特种设备是已被召回（含生产单位主动召回、政府相关部门强制召回）的；

9. 使用被责令整改而未予整改的特种设备的；

10. 特种设备存在严重事故隐患无改造、修理价值，或者达到安全技术规范规定的其他报废条件，未依法履行报废义务，并办理使用登记证书注销手续的；

11. 特种设备或者其主要部件不符合安全技术规范，包括安全附件、安全保护装置等缺少、失效或失灵的；

12. 将非承压锅炉、非压力容器作为承压锅炉、压力容器使用或热水锅炉改为蒸汽锅炉使用的；

13. 特种设备出现故障或者发生异常情况，未对其进行全面检查、消除事故隐患，继续使用的；

14. 特种设备发生事故不予报告而继续使用的；

15. 电梯使用单位委托不具备资质的单位承担电梯维护保养工作的；

16. 特种设备办理停用手续后，未办理启用手续擅自启用的；或停用一年以上，未经特种设备检验检测机构检验合格后使用的。

二、专项类重大事故隐患判定标准

（一）成品油库重大事故隐患判定标准

1. 主要负责人和安全生产管理人员未依法经考核合格的；

2. 未建立与岗位相匹配的全员安全生产责任制或者未制定实施生产安全事故隐患排查治理制度的；

3. 未制定操作规程和工艺控制指标的；

4. 未按照国家标准制定动火、进入受限空间等特殊作业管理制度，或者制度未有效执行的；

5. 新建油库未制定试生产方案投料运行的；

6. 使用淘汰落后安全技术工艺、设备目录列出的工艺、设备的；

7. 安全阀等安全附件未正常投用的；

8. 涉及"两重点一重大"的生产装置、储存设施外部安全防护距离不符合国家标准要求的；

9. 构成一级、二级重大危险源的储油罐区未实现紧急切断功能的；

10. 地区架空电力线路穿越储罐区、易燃和可燃液体装卸区或其他不符合国家标准要求的情况；

11. 涉及可燃和有毒有害气体泄漏的场所未按国家标准设置检测报警装置，爆炸危险场所未按国家标准安装使用防爆电气设备的；

12. 控制室或机柜间面向具有火灾、爆炸危险性装置一侧不满足国家标准关于防火防爆要求的；

13. 生产装置、自动化控制系统、电动紧急切断阀、安防系统未按国家标准要求供电的；

14. 未按国家标准分区分类储存危险化学品，超量、超品种储存危险化学品，相互禁配物质混放混存的。

（二）火炸药仓库重大事故隐患判定标准

1. 主要负责人和安全生产管理人员未依法经考核合格的；

2. 未建立与岗位相匹配的全员安全生产责任制或未制定实施生产安全事故隐患排查治理制度的；

3. 库房实际存放量超过核定的安全储量的；

4. 直接实施作业人员数量超过核定人数的；

5. 本库区的行政生活区和居民点的人流通过危险区，运送火药、炸药的车辆通过本库区的行政生活区，且未采取有效风险管控措施的；

6. 洞库和覆土库及其转运站（作业期间）的内、外部安全距离不足，防护屏障缺失或者不符合要求，且未采取有效风险管控措施的；

7. 防静电、防火、防雷设备设施缺失或者失效的；

8. 运输火炸药时，使用无爆炸品运输资质的车辆，在管辖范围内违规装卸、停车、修车、加油的；

9. 覆土库屋面覆土厚度、墙顶部水平覆土厚度和坡向地面或外侧挡墙坡度不符合要求的；

10. 在 F0 危险场所安装电气设备或敷设电气线路的；

11. 用于 F1 类危险场所电气或照明设备不符合防爆要求的；

12. 与库区和转运站无关的高压电气线路穿越库区和转运站，或跨越危险性建筑物，且未采取有效风险管控措施的；

13. 从前端控制箱引至洞库、覆土库的安全防范系统线路未埋地敷设的；

14. 火药炸药库房钥匙、密码和电子感应卡未按管理制度执行的；

15. 未按规定时间和要求对火炸药进行倒垛、倒库、外观检查和理化分析等工作，或者在倒垛、倒库、外观检查发生包装袋破损未按规定处置，或者理化分析后火药剩余安定剂含量不符合要求且未及时处置的；

16. 擅自改造、改装储存火炸药物资库房的。

信息通信建设工程生产安全重大
事故隐患判定标准

工信部通信〔2024〕64 号

各省、自治区、直辖市通信管理局，中国电信集团有限公司、中国移动通信集团有限公司、中国联合网络通信集团有限公司、中国广播电视网络集团有限公司、中国铁塔股份有限公司，有关单位：

为准确识别、及时排查治理信息通信建设领域生产安全重大事故隐患，有效防范遏制重特大生产安全事故，依据《中华人民共和国安全生产法》和《建设工程安全生产管理条例》等法律法规，工业和信息化部制定了《信息通信建设工程生产安全重大事故隐患判定标准》（以下简称《判定标准》），现印发给你们，请遵照执行。

各地通信管理局要把重大事故隐患当成事故来对待，将《判定标准》作为强化监管的重要依据，督促信息通信工程建设各方依法落实重大事故隐患排查治理主体责任，彻底排查、及时消除各类重大事故隐患，牢牢守住安全生产底线。《判定标准》实施过程中，如有相关意见和建议，请及时报工业和信息化部（信息通信发展司）。

工业和信息化部

2024 年 4 月 7 日

信息通信建设工程生产安全重大事故
隐 患 判 定 标 准

第一条　为有效防范和遏制重特大事故发生，持续完善信息通信建设工程隐患排查治理，科学判定信息通信建设工程生产安全重大事故隐患，根据《中华人民共和国安全生产法》和《建设工程安全生产管理条例》等法律法规，制定本标准。

第二条　本标准适用于信息通信基础设施新建、改建、扩建的工程生产安全重大事故隐患判定。

第三条　本标准所称重大事故隐患，是指在信息通信建设工程中，存在的危害程度较大、可能导致群死群伤或造成重大经济损失，应当全部或者局部停产停业的生产安全事故隐患。

第四条　信息通信建设工程中有下列情形之一的，判定为重大事故隐患：

（一）建设单位将建设工程发包给不具备相应资质或安全生产许可证的施工单位的；

（二）施工单位未按规定要求制定信息通信建设工程生产安全事故现场处置方案；

（三）在城市市区内的施工，未在施工现场设置安全警示标识的；

（四）在不满足项目承重要求的建筑物内组织施工的；

（五）出现自然灾害预警，未按受灾害影响地区应急响应机制要求，强行组织施工的；

（六）对于有限空间、动火作业，未按规定落实作业审批，或者作业现场未设置专门人员进行安全管理，或者未配置合格安全防护装备的；

（七）施工单位的项目负责人、专职安全生产管理人员未持有通信主管部门核发有效安全生产考核合格证书从事相关工作的；

（八）特种作业人员未持有有效特种作业人员操作资格证书上岗作业的。

第五条　对于不能依据本标准直接判断是否为重大事故隐患的情况，可组织有关专家，依据安全生产法律法规及强制性标准，进行论证、综合判定。

严重违反安全生产法律法规及强制性标准，且存在危害程度较大、可能导致群死群伤或造成重大经济损失的现实危险，应判定为重大事故隐患。

第六条　抢险救灾工程不适用本标准。

第七条　涉及钢结构、土建、机电等其他专业对重大事故隐患判定另有标准规定的，涉及与建筑、市政、交通等其他专业交叉或平行作业，其他专业对重大事故隐患判定另有标准规定的，通信建设企业应按照从严要求排查事故隐患。

第八条　本判定标准自发布之日起实施。

邮政企业、快递企业安全生产重大事故隐患判定标准（试行）（略）

气象部门内部安全风险分级管控和隐患排查治理工作指南（略）

铁路重大事故隐患排查整治重点（略）

铁路隧道工程重大事故隐患
判定标准（略）